古代技術力

古人其實很科學！天文曆法、醫學水利、數學理化無一不精，
這才叫世界頂尖的科技實力

盧祖齊，林之滿，蕭楓

著

目錄

CONTENTS

第一章
先秦科技名家

魯班

　　魯班，姓公輸，名般，又稱公輸子、公輸盤、班輸、魯般。魯國人。機械學、土木工程家。

　　魯班按理應稱公輸般，因他是魯國人，且「般」與「班」同音，故後世稱他為魯班。公輸家族世代是工匠，魯班從小受到薰陶。春秋和戰國之交，社會變動使工匠獲得某些自由和施展才能的機會。在此情況下，魯班在機械、土木、手工工藝等方面有許多發明。大約在西元前四百五十年時，他從魯國來到楚國，幫助楚國製造兵器。他發明了雲梯，準備攻打宋國，但被墨子制止。墨子主張製造實用的生產工具，反對為戰爭製造武器。魯班接受了這種思想。

　　魯班的發明創造有多種，散見於戰國以後的書籍中，主要有：

- ◇ **機封**：《禮記·檀弓》記他設計出「機封」，用機械的方法下葬季康子之母，其技巧令人信服。但當時盛行厚葬，這種方法未被採納。

- ◇ **農業機具**：先進農機具的發明和採用是中國古代農業發達的重要條件之一。《世本》說魯班發明了石磑，《物原·器原》又說他發明了礱、石磨、碾子，這些糧食加工機械在當時是很先進的。另外，《古史考》記魯班發明了鏟。

- ◇ **木工工具**：古代的許多器具是木製的，因此，精巧的工具對木匠來說十分重要。《物原·器原》說魯班發明了鑽、隱

木括（矯正木材彎曲的工具）。《魯班經》還把木工所用的曲尺稱為「魯班尺」，表示古代工匠認為曲尺是魯班發明的，但這只是傳說，曲尺在魯班之前已是常用木工工具。

在周穆王時已有簡單的鎖鑰，形狀如魚。魯班改進的鎖鑰，形如蠡狀，內設機關，憑鑰匙才能打開，能代替人的看守。

◇ **兵器**：鉤和梯是春秋末期常用的兵器。《墨子・魯問》記魯班將鉤改製成舟戰用的「鉤強」，楚國軍隊用此器與越國軍隊進行水戰，越船後退就鉤住它，越船進攻就推拒它。《墨子・公輸》則記他將梯改製成可以凌空而立的雲梯，用以攻城。

◇ **仿生機械**：《墨子・魯問》又記魯班削木竹製成鵲，可以飛三天。另據《鴻書》記載，他還曾製木鳶以窺宋城。《論衡・自紀・儒增》記述的傳言說他發明了備有機關的木車馬和木人御者，可載其母。

◇ **雕刻**：《述異記》記魯班曾在石頭上刻製出「九州圖」，這大概是最早的石刻地圖。此外，古時還傳說魯班刻製過精巧絕倫的石頭鳳凰。

◇ **土木建築**：《事物紀原》和《物原・室原》都說魯班發明了鋪首，即安裝門環的底座。古時民間還傳說他主導造橋工程；他的妻子雲氏為了使工匠不受日曬雨淋而發明了傘。

當然，有些傳說可能與史實有出入，但卻歌頌了中國古代工匠的聰明才智。魯班被視為技藝高超的工匠的化身，更被土木工匠尊為祖師爺。

▍墨子

　　墨子，名翟。魯國（今山東西南部，都城曲阜）人。生卒年不詳，活動於春秋末、戰國初年，物理學家、數學家、機械製造工程師、哲學家。

　　墨子一生的活動、事蹟、思想和科技成就，集中展現在《墨子》一書中。原書十五卷七十一篇，現存十五卷五十三篇，有十八篇早已散佚。關於《墨子》一書的作者問題，現尚存有爭議。有認為是戰國後期的墨家後學所作；有認為墨子自著；有認為部分墨子自著，其餘為墨子弟子記述的師說等。

　　在春秋戰國時期的諸子百家中，只有墨子和墨家對於科學技術最為重視。墨子本身不但是一位手藝高超的匠人，而且他還深入到科學領域之中，做了一系列的科學研究和科學實驗工作，取得了許多重大的成就。同時，墨子重視科學技術並不只是為了研究而研究，他把科學技術與自己的政治主張緊密結合起來，用科技知識來充實和豐富自己的學說，並以之作為興利除害的有力武器，為自己的政治主張服務。他之所以能夠止楚攻宋，除了靠他傑出的雄辯才能外，更主要的原因是他掌握著當時最先進的守城器械。在楚王倚仗公輸般的攻城器械，堅持要攻打宋國時，墨子當著楚王的面與公輸般演示了攻防器械和戰術，經過九次交鋒，公輸般的攻城器械和戰術都被墨子一一挫敗，公輸般的攻城器械用完了，而墨子的守城器械卻還綽綽有餘，這才迫使楚王放棄攻宋的計畫。如果墨子不掌握科學技

術，那麼不管他多麼擅長說理和論辯，也是無法阻止楚王攻宋的。這一事例，反映了墨子善於運用科學技術來佐證自己的政治主張。公輸般為當時的名匠，但他在墨子面前相形見絀，這也反映了墨子科技造詣之高深。

墨子在科學技術領域中的成就和貢獻是多方面的，其主要者有：

宇宙論

墨子認為，宇宙是一個連續的整體，個體或局部都是由這個統一的整體分出來的，都是這個統一整體的組成部分。換句話說，也就是整體包含著個體，整體又是由個體所構成，整體與個體之間有著必然的連繫。從這個連續的宇宙觀出發，墨子進而建立了關於時空的理論。他把時間定名為「久」，把空間定名為「宇」，並給出了「久」和「宇」的定義，即「久」為包括古今旦暮的一切時間，「宇」為包括東西中南北的一切空間，時間和空間都是連續不間斷的。在給出了時空的定義之後，墨子又進一步論述了時空有限還是無限的問題。他認為，時空既是有窮的，又是無窮的。對於整體來說，時空是無窮的，而對於部分來說，時空則是有窮的。他還指出，連續的時空是由時空元所組成。他把時空元定義為「始」和「端」，「始」是時間中不可再分割的最小單位，「端」是空間中不可再分割的最小單位。這樣就形成了「時空是連續無窮的，這連續無窮的時空又是由最小的單位所構成，在無窮中包含著有窮，在連續中包

含著不連續」的時空理論。

在時空理論的基礎上，墨子建立了自己的運動論。他把時間、空間和物體運動整合起來，結合在一起。他認為，在連續的、統一的宇宙中，物體的運動表現為在時間中的先後差異和在空間中的位置遷移。沒有時間先後和位置遠近的變化，也就沒有所謂的運動，離開時空的單純運動是不存在的。

對於物質的本原和屬性問題，墨子也有精闢的闡述。在先秦諸子中，老子最早提出了物質的本原是「有生於無」（《老子》第一章），「天下萬物生於有，有生於無」（《老子》第四十章）。墨子則率先反對老子的這個思想，提出了萬物始於「有」的主張。他指出，「無」有兩種，一種是過去有過而現在沒有了，如某種滅絕的飛禽，不能因其已不存在而否定其曾為「有」；一種是過去就從來沒有過的事物，如天塌陷，這是本來就不存在的「無」。本來就不存在的「無」不會生「有」，本來存在、後來不存在的更不是「有」生於「無」。由此可見，「有」是自然存在的。接著，墨子進而闡發了關於物質屬性的問題。他認為，如果沒有石頭，就不會知道石頭的質感和顏色，沒有日和火，就不會知道熱。也就是說，屬性無法獨立於物質客體而存在，屬性是物質客體的客觀反映。人之所以能夠感知物質的屬性，是因為有物質客體的客觀存在。

數學

墨子是中國歷史上第一個從理性角度對待數學問題的科學

家，他給出了一系列數學概念的命題和定義，這些命題和定義都具有高度的抽象性和嚴密性。

墨子所給出的數學概念主要有：

關於「倍」的定義。墨子說：「倍，為二也。」（《墨經上》）亦即原數加一次，或原數乘以二稱為「倍」。如二尺為一尺的「倍」。

關於「平」的定義。墨子說：「平，同高也。」（《墨經上》）也就是同樣的高度稱為「平」。這與歐幾里得幾何學定理「平行線間的公垂線相等」意思相同。

關於「同長」的定義。墨子說：「同長，以正相盡也。」（《墨經上》）也就是說兩個物體的長度相互比較，正好一一對應，完全相等，稱為「同長」。

關於「中」的定義。墨子說：「中，同長也。」（《墨經上》）這裡的「中」指物體的對稱中心，也就是物體的中心為與物體表面距離都相等的點。

關於「圓」的定義。墨子說：「圓，一中同長也。」（《墨經上》）這裡的「圓」即為圓，墨子指出圓可用圓規畫出，也可用圓規進行檢驗。圓規在墨子之前早已得到廣泛的應用，但給予圓以精確的定義，則是墨子的貢獻。墨子關於圓的定義與歐幾里得幾何學中圓的定義完全一致。

關於正方形的定義。墨子說，四個角都為直角，四條邊長度相等的四邊形即為正方形，正方形可用直角曲尺「矩」來畫圖和檢驗。

這與歐幾里得幾何學中的正方形定義也是一致的。

關於直線的定義。墨子說，三點共線即為直線。三點共線為直線的定義，在後世測量物體的高度和距離方面得到廣泛的應用。晉代數學家劉徽在測量學專著《海島算經》中，就是應用三點共線來測高和測遠的。漢以後弩機上的瞄準器「望山」也是據此發明的。

墨子把點、線、面、體分別稱為「端」、「尺」、「區」、「體」，並給出了它們各自的定義。他還指出，「端」是不占有空間的，是物體不可再分的最小單位，與古希臘的原子論相類似。

此外，墨子還對十進位制進行了論述。中國早在商代就已經普遍使用十進位制記數法，墨子則是對進位制概念進行總結和闡述的第一個科學家。他明確指出，在不同數位上的數字，其數值不同。例如，在相同的數位上，一小於五，而在不同的數位上，一可多於五。這是因為在同一個數位上（個位、十位、百位、千位……），五包含了一，而當一處於較高的數位上時，一則反過來包含了五。十進位制的發明，是中國對於世界文明的一個重大貢獻。正如李約瑟在《中國科學技術史》數學卷中所說：「商代的數字系統是比古巴比倫和古埃及同一時代的系統更為先進、更為合理的」，「如果沒有這種十進位制，就幾乎不可能出現我們現在這個統一化的世界了」。

物理學

墨子關於物理學的研究涉及到力學、光學、聲學等分支，給出了不少物理學概念的定義，並有不少重大的發現，總結出了一些重要的物理學原理。

首先，墨子給出了力的定義，說：「力，刑（形）之所以奮也。」（《墨經上》）也就是說，力是使物體運動的原因，即使物體運動的作用叫做力。對此，他舉例予以說明，說好比把重物由下向上舉，就是因為有力的作用才能做到。同時，墨子指出物體在受力時，也產生了反作用力。例如，兩個質量相當的物體碰撞後，兩個物體就會朝相反的方向運動。如果兩個物體的質量相差甚大，碰撞後質量大的物體雖不會動，但反作用力還是存在。

接著，墨子又給出了「動」與「止」的定義。他認為「動」是由於力推送的緣故，「止」則是物體經一定時間後運動狀態的結束。墨子雖沒有明確指出運動狀態的結束是因為存在著阻力的緣故，但他已意識到在外力消失後，物體的運動狀態是不可能永遠存在下去的。

關於槓桿定理，墨子也作出了精闢的表述。他指出，稱重物時秤桿之所以會平衡，原因是「本」短「標」長。用現代的科學語言來說，「本」即為重臂，「標」即為力臂，寫成力學公式就是力 × 力臂（「標」）＝重 × 重臂（「本」）。此外，墨子還對槓桿、斜面、重心、滾動摩擦等力學問題進行了一系列的研究，這裡就不一一贅述。

第一章　先秦科技名家

在光學史上，墨子是第一個進行光學實驗、並對幾何光學進行系統研究的科學家。就算說墨子奠定了幾何光學的基礎，也不為過分，至少在中國是如此。正如李約瑟在《中國科學技術史》物理卷中所說，墨子關於光學的研究，「比我們所熟知的希臘更早」，「印度也不能比擬」。

墨子首先探討了光與影的關係，他仔細觀察了運動物體影像的變化規律，提出了「景不徙」的命題。也就是說，運動著的物體從表觀看它的影也是隨著物體在運動著，其實這是一種錯覺。因為當運動著的物體位置移動後，它前一瞬間所形成的影像已經消失，其位移後所形成的影像已是新形成的，而不是原有的影像運動到新的位置。如果原有的影像不消失，那它就會永遠存在於原有的位置，這是不可能的。因此，所看到的影像的運動，只是新舊影像隨著物體運動而連續不間斷地生滅交替所形成的，並不是影像自身在運動。墨子的這一命題，後來為名家所繼承，並由此提出了「飛鳥之影未嘗動」的命題。

隨之，墨子又探討了物體的本影和副影的問題。他指出，光源如果不是點光源，由於從各點發射的光線產生重複照射，物體就會產生本影和副影；如果光源是點光源，則只有本影出現。

接著，墨子又進行了針孔成像的實驗。他明確指出，光是直線傳播的，物體透過針孔所形成的像是倒像。這是因為光線經過物體再穿過針孔時，由於光的直線傳播，物體上方成像於下，物體下部成像於上，故所成的像為倒像。他還探討了影像的大小與物體的斜正、光源的遠近的關係，指出物斜或光源遠

則影長細，物正或光源近則影短粗，如果是反射光，則影形成於物與光源之間。

特別可貴的是，墨子對平面鏡、凹面鏡、凸面鏡等進行了系統性的研究，得出了幾何光學的一系列基本原理。他指出，平面鏡所形成的是大小相同、遠近對稱的像，但卻左右相反。如果是兩個或多個平面鏡相向而照射，則會出現重複反射，形成無數的像。凹面鏡的成像是在「中」之內形成正像，距「中」遠所成像大，距「中」近所成的像小，在「中」處則像與物一樣大；在「中」之外，則形成的是倒像，近「中」像大，遠「中」像小。凸面鏡則只形成正像，近鏡像大，遠鏡像小。這裡的「中」為球面鏡之球心，墨子雖尚未能區分球心與焦點的差別，把球心與焦點混淆在一起，但其結論與近現代球面鏡成像原理基本上還是相符的。

墨子還對聲音的傳播進行過研究，發現井和罌有放大聲音的作用，並加以巧妙利用。他曾教導學生說，在守城時，為了預防敵人挖地道攻城，每隔三十尺挖一井，置大罌於井中，罌口繃上薄牛皮，讓聽力好的人伏在罌上進行偵聽，以得知敵方是否在挖地道，地道挖於何方，而作好禦敵的準備。儘管當時墨子還不可能明瞭聲音共振的原理，但這個禦敵方法卻蘊含有豐富的科學內涵。

機械製造

墨子是一個精通機械製造的大家，在止楚攻宋時與公輸般

進行的攻防演練中，已充分展現了他在這方面的才能和造詣。他曾花費了三年的時間，精心研製出一種能夠飛行的木鳥。他也是一個製造車輛的能手，可以在不到一日的時間內造出載重三十石的車子。他所造的車子運行迅速又省力，且經久耐用，為當時的人們所讚賞。

值得指出的是，墨子幾乎諳熟當時各種兵器、機械和工程建築的製造技術，並有不少發明。在《墨子》一書中的「備城門」、「備水」、「備穴」、「備蛾」、「迎敵祠」、「雜守」等篇中，他詳細介紹和闡述了城門的懸門結構，城門和城內外各種防禦設施的構造，弩、桔槔和各種攻守器械的製造工藝，以及水道和地道的構築技術。他所論及的這些器械和設施，對後世的軍事活動有著很大的影響。

綜上所述，可以看到墨子的科學造詣之深，成就之大，在中國古代傑出科學家之列中堪稱為佼佼者之一。遺憾的是，墨子在科技領域中的理性靈光，隨著後來墨家的衰微，幾近熄滅。後世的科學家大多注重實用，忽視理性的探索，此實為中國科技史上的莫大損失。

石申夫

石申夫，戰國時魏國人。生卒年不詳，大約生活於西元前四世紀中期，天文學家。

石申夫又寫作石申甫或石申父。南北朝以後，可能是誤

會，將其名字稱為石申，今從已故錢寶琮先生的考證，據兩漢文獻記載改正。石申夫是中國先秦時代著名的天文學家。他不但編制了世界上最古老的星表，而且在四分曆、歲星紀年、行星運動、天象觀測和中國古代的占星理論等方面，都做出了重要的貢獻。他對於中國古代天文學從知識的積累和定性研究進入系統定量的科學探討起了關鍵性的作用。

石申夫及其學派的著作早已散失，僅《開元占經》及兩漢的若干著作中有所引述。《史記‧天官書》張守節引《七錄》說：「石申魏人，戰國時作《天文》八卷；《隋書‧經籍志》載石氏作《天文占》八卷，《渾天圖》一卷，《石氏星經簿贊》一卷。」其中《天文》和《天文占》可能是同一部書，它還有一個名稱為《石氏星經》。《渾天圖》和《石氏星經簿贊》可能是漢以後由其門徒所作。

《開元占經》載石氏中官六十二，外官三十，加上二十八宿，共計 120 座。同時給出了石氏星表這 120 座的 121 顆星的入宿度和去極度。關於這 121 個恆星座標值究竟測於何時，日本上田穰早在一九三〇年代就曾利用二十八宿去極度的歲差變化作過觀測年代的計算，認為分別為西元前三百年、西元前一百五十年和西元兩百年三次所測。近年來，潘鼐計算的結果也相類似，而藪內清則認為是西元前七十年測定。不過，一九七八年阜陽漢初汝陰侯之子夏侯灶墓出土的圓盤和《淮南子‧天文訓》中都有二十八宿距度的記載，這證明漢太初以前無疑是有二十八宿入宿度的，這是出於推算日月五星行度的需要。這個數值也容易用簡單的方法測定。但至今卻沒有任何證

第一章　先秦科技名家

據能證明太初以前曾測定過去極度，故以二十八宿去極度來判斷人宿度測定的年代是靠不住的。因此，石氏二十八宿距度可能確是石申夫本人所測，其他數值可能是西漢時由其門徒完成。《石氏星經》是石氏學派集體研究和智慧的結晶。

戰國時代，是中國天文學家創立四分曆，並使之完善和系統化的時代，從保留至今的零星歷史文獻可以看出，石申夫在四分曆發展過程中曾起過相當重要的作用。其貢獻如下：

《史記‧天官書》說：「故甘、石曆五星法，唯獨熒惑有反逆行。」《漢書‧天文志》也說：「古曆五星之推，亡逆行者。至甘氏、石氏經，以熒惑、太白為有逆行。」《開元占經》則載有石氏金星出沒動態（包括逆行在內）的推算方法，可見石申夫有推算五星出沒動態的方法，並已涉及火星、金星逆行的計算。

在魏國頒行四分曆，使用每年 365 又 1/4 日，每月 29.45 日，十九年七閏，七十六年季節一循環的法則。其基本數據和格局與《史記‧曆書》類似，故各種文獻都略而不載。

使用於干支紀日法循環紀日。

使用石氏歲星紀年法循環紀年，此法載於《史記‧天官書》中。

使用周正，以冬至所在之月為歲首。

《石氏星經》是中國最早也是最著名的占星書之一，由於石申夫及其門徒的勤奮觀測，做出了一系列的新發現。這些發現大都被當作占星的內容摘引在《開元占經》中。摘要如下：

黃赤交角數據的最早測定者。《續漢書‧律曆志》引載《石氏星經》說：「黃道軌牽牛初直斗二十度，去極百一十五度。」將其減去一象限 91 又 5/16 度，得黃赤交角為 23 又 11/16 度，與當時理論值僅差 23′。

測制了世界上最早的星表，第一次建立起完整的座標概念。

發現行星有逆行。

首先觀測到太陽日珥。《開元占經》引石氏曰：「日兩旁有氣短小，中赤外青，名為珥。」

首次發現日冕。《開元占經》引石氏曰：「有氣青赤，立在日上，名為冠。」古代冠冕通用。

最早的太陽黑子紀錄。《開元占經》引石氏曰：「日中有立人之像。」只是未載年月日。

發現月亮運動有遲疾的變化和偏離黃道的運動。《開元占經》引石氏曰：「月行乍南乍北，……或進退跳脁。」

最早的彗星分類。《開元占經》引石氏曰：「凡彗星有四名：一名索，二名拂星，三名掃星，四名彗星，其形狀不同。」

▍甘德

甘德，戰國時楚國人。生卒年不詳，大約生活於西元前四世紀中期，天文學家。

第一章　先秦科技名家

　　甘德是先秦時期著名的天文學家，他著有《天文星占》八卷、《歲星經》等，這些著作的內容多已失傳，僅有部分文字為《唐開元占經》等典籍引錄，從中可以窺知他在恆星區劃命名、行星觀測與研究等方面有所貢獻。

　　他和石申夫等人都建立了各不相同的全天恆星區劃命名系統，其方法是依次給出某星官的名稱與星數，再指出該星官與另一星官的相對位置，從而對全天恆星的分布、位置等予以定性的描述。三國時陳卓總結甘德、石申夫和巫咸三家星，得到中國古代經典的 283 星官 1464 星的星官系統，其中取用甘氏星官者 146 座（包括二十八宿在內），可見甘德對全天恆星區劃命名的工作對後世產生了很大的影響。有跡象表明，甘德還曾對若干恆星的位置進行過定量的測量，可惜其結果大多湮沒不存。

　　甘德對行星運動進行了長期的觀測和定量的研究。他發現了火星和金星的逆行現象，他指出「去而復還為勾」，「再勾為巳」，把行星從順行到逆行、再到順行的視運動軌跡十分生動地描述為「巳」字形。甘德還建立了行星會合週期（接連兩次晨見東方的時間間距）的概念，並且測得木星、金星和水星會合週期值分別為：400 日（應為 398.9 日）、587.25 日（應為 583.9 日）和 136 日（應為 115.9 日）。他還給出木星和水星在一個會合週期內見、伏的日數，更給出金星在一個會合週期內順行、逆行和伏的日數，而且指出在不同的會合週期中金星順行、逆行和伏的日數可能在一定幅度內變化的現象。雖然甘德的這些定量描述還比較粗疏，但它們卻為後世傳統的行星位置計算法

奠定了基石。

依據《唐開元占經》引錄甘德論及木星時所說「若有小赤星附於其側」等語，有人認為甘德在伽利略之前近兩千年就已經用肉眼觀測到木星的最亮的衛星 —— 木衛二。若慮及甘德著有關於木星的專著 ——《歲星經》，是當時認真觀測木星和研究木星的名家，且木衛二在一定的條件下確有可能憑肉眼觀測到，則這一推測大約是可信的。

甘德還以占星家聞名，是在當時和對後世都產生重大影響的甘氏占星流派的創始人，他的天文學貢獻與其占星活動是相輔相成的。

李冰

李冰，戰國末期人。籍貫、生卒年不詳。水利專家。

古代蜀地（今四川）非潦即旱，有「澤國」、「赤盆」之稱。四川百姓世世代代與洪水抗爭。秦惠文王九年，秦國吞併蜀國。秦為了將蜀地建成其重要基地，決定徹底治理岷江水患。同時派精通治水的李冰取代政治家張若任蜀守。李冰為蜀守的時間，沒有明文記載，大約在秦昭王三十年至秦孝王之間。

李冰學識淵博，「知天文地理」。他決定修建都江堰以根除岷江水患。李冰經過實地調查，發現開明所鑿的引水工程渠首選擇不合理，因而廢除了開明開鑿的引水口，把都江堰的引水口上移至成都平原沖積扇的頂部灌縣玉壘山處，這樣可以保

證較大的引水量和形成通暢的渠首網。李冰創築的都江堰，史籍記載甚為簡略。但以這些記載為基礎，結合現今都江堰工程結構分析，基本上可以確定李冰修建的都江堰由魚嘴、飛沙堰和寶瓶口及渠道網所組成。魚嘴是在寶瓶口上游岷江江心修築的分水堰，因堰的頂部形如魚嘴而得名。《華陽國志》記載：李冰「壅江作堋」的「堋」就是指魚嘴。它將岷江分為內外江，起航運、灌溉與分洪的作用。飛沙堰是一個溢洪排沙的低堰，它與寶瓶口配合使用可保證內江灌區水少不缺，水大不淹。寶瓶口是控制內江流量的咽喉。《史記‧河渠書》記載「蜀守冰鑿離堆，辟沫水之害」，就是指李冰開鑿寶瓶口。因「崖峻阻險，不可穿鑿，李冰乃積薪燒之」，劈開玉壘山，鑿成寶瓶口。寶瓶口不僅是進水口，而且以其狹窄的通道形成一道自動節水的水門，對內江渠發揮保護作用。寶瓶口這個岩石渠道，十分堅固，千百年來在岷江激流衝擊下，並未被沖毀，有效地控制了岷江水流。清宋樹森「伏龍觀觀漲」一詩云：「我聞蜀守鑿離堆，兩崖劈破勢崔巍，岷江至此畫南北，寶瓶倒瀉數如雷。」李冰修成寶瓶口之後，「又開二渠，由永康過新繁入成都，稱為外江，一渠由永康過郫入成都，稱為內江」。這兩條主渠溝通成都平原上零星分布的農田灌溉渠，初步形成了規模巨大的都江堰水利工程的渠道網。

　　李冰在修建都江堰工程中，創造了竹籠裝石作堤堰的施工方法。唐李吉甫《元和郡縣誌》載：「犍尾堰（都江堰唐代之名）在縣西南二十五里，李冰作之以防江決。破竹為籠，圓徑三尺，長十丈，以石實之。累而壅水。」此法就地取材，施工、

維修都簡單易行。而且，籠石層層累築，既可免除堤埂斷裂，又可利用卵石間空隙減少洪水的直接壓力，從而降低堤堰崩潰的危險。

李冰還創用石人測量岷江水位。《華陽國志·蜀志》載：李冰「作三石人，立三水中，與江神要。水竭不至足，盛不沒肩」。這是見於記載最早的水則，說明李冰已基本掌握了岷江水位漲落的大致幅度。

除都江堰外，李冰還主持修建了岷江流域的其他水利工程。如「導洛通山，洛水或出瀑布，經什邡、郫，別江」；「穿石犀溪於江南」；「冰又通笮汶井江，經臨邛與蒙溪分水白木江」；「自湔堤上分羊摩江」等等。上述水利工程，史籍均無專門記述，詳情多不可考。這一切均說明李冰是一位頗有建樹的水利工程專家。

李冰任蜀守期間，還對蜀地其他經濟建設也做出了貢獻。李冰「識察水脈，穿廣都（今成都雙流）鹽井諸陂地，蜀地於是盛有養生之饒」。在此之前，川鹽開採處於非常原始的狀態，多依賴天然鹹泉、鹹石。李冰創造鑿井汲鹵煮鹽法，結束了巴蜀鹽業生產的原始狀況。這也是中國史籍所載最早的鑿井煮鹽的記錄。李冰還在成都修了七座橋：「直西門郫江中沖治橋；西南石牛門曰市橋，下石犀所潛淵中也；城南曰江橋；南渡流曰萬里橋；西上曰夷裡橋，上（亦）曰笮橋；橋從沖治橋而西出折曰長升橋；郫江上西有永平橋。」這七座橋是大乾渠上的便民設施。

李冰所作的這一切，尤其是都江堰水利工程，對蜀地社會

產生了深遠的影響。都江堰等水利工程建成後，蜀地發生了天翻地覆的變化，千百年來危害百姓的岷江水患被徹底根除。唐代杜甫云：「君不見秦時蜀太守，刻石立作五犀牛，自古雖有厭勝法，天生江水向東流，蜀人矜誇一千載，泛濫不近張儀樓。」從此，蜀地「旱則引水浸潤，雨則杜塞水門，故水旱從人，不知饑餓，則無荒年，天下謂之天府」。水利的開發，使蜀地農業生產高迅發展，成為聞名全國的魚米之鄉。西漢時，江南水災，「下巴蜀之粟致之江南」，唐代「劍南（治今成都）之米，以實京師」。渠道開通，使岷山梓柏大竹「頹隨水流，坐致材木，功省用饒」。而且有名的蜀錦等當地特產亦透過這些渠道運往各地。正是由於李冰的創業，才使成都不僅成為四川而且是西南政治、經濟、交通的中心，同時成為全國工商業和交通極為發達的城市。

　　李冰修建的都江堰水利工程，不僅在中國水利史上，而且在世界水利史上也佔有光輝的一頁。它悠久的歷史舉世聞名，它設計之完備令人驚嘆！中國古代興修了許多水利工程，其中頗為著名的還有芍陂、漳水渠、鄭國渠等，但都先後廢棄了。唯獨李冰創建的都江堰經久不衰，至今仍發揮著防洪灌溉和運輸等多種功能。

　　李冰為蜀地的發展做出了不可磨滅的貢獻，人們永遠懷念他。兩千多年來，四川百姓把李冰尊為「川主」。一九七四年，中國在都江堰樞紐工程中，發現了李冰的石像，其上題記：「故蜀郡李府郡譚冰」。這說明早在一千八百年前，李冰的業績已為百姓所傳頌。近人對李冰的功績也極為讚賞。一九五五年，

郭沫若到灌縣時，題詞：「李冰掘離堆，鑿鹽井，不僅嘉惠蜀人，實為中國二千多年前卓越之工程技術專家。」

扁鵲

一心為人們服務的醫生

一個真心為百姓服務，對於百姓真正有所貢獻的人，不管時間隔得多久，他總是不會被忘掉，而能夠得到百姓的尊敬和懷念的。扁鵲就是這樣的一個人。

扁鵲是戰國時代的一個著名的醫生。他姓秦，名叫越人，是渤海郡鄭（今河北任丘縣北州鎮）人。他的出身現在已無從查考，僅僅知道他青年時代曾經替貴族管理過客館。

客館裡有個常來的食客，叫長桑君，醫術很高明，扁鵲就拜他做老師。因為扁鵲決心要以醫術替人們解除疾病的痛苦，所以學習很努力。他除了學會長桑君的一套本領以外，還用心研究前人的醫學著作。他又善於總結百姓群眾的實踐經驗，因而終於在醫學上達到了很高的成就，對中國醫學的發展作出了很多的貢獻。他把別人的病痛看作自己的病痛，常常深入民間，一絲不苟地為人治病。這使他在當時就博得了人們普遍的崇敬，人們把他比作傳說中的黃帝時候的神醫扁鵲，稱他做「扁鵲先生」。他原來的姓名秦越人，反被人忘掉了。後人還尊崇他為醫學的祖師，他的故鄉也被人稱為「藥王莊」。

傳統診斷法的奠基人

　　中國醫學上的傳統的診斷疾病的方法──望（看氣色）、聞（聽聲音）、問（問病情）、切（按脈搏），是扁鵲首先根據前人的醫學經驗，結合他自己的實踐，加以條理化的。在這四種診斷方法之中，扁鵲特別擅長於望診和切診。相傳，那時候晉國的趙簡子，有一次病得很沉重，已經五天昏迷不醒了。趙簡子的家人十分惶恐，請扁鵲去給他診治。扁鵲按過趙簡子的脈搏以後，斷定趙簡子不會死。他配了藥給趙簡子，又紮了針，果然，不出三天，趙簡子就甦醒過來了。有一次，扁鵲路過虢國（今河南陝縣東南），聽說虢君的太子突然昏死了。他認為這事很奇怪，要去看個究竟。當扁鵲跑到宮裡的時候，大臣們已在替太子辦理後事。扁鵲問明了太子怎樣昏死的情況以後，就仔細地察看。他發現太子還有微弱的呼吸，兩腿的內側還沒有全冷，因而斷定太子不是真死，而是得了「屍蹶病」（類似現代的假死），認為還有治好的希望。他就給太子扎針，太子果然醒了過來。扁鵲接著又在太子兩腋下施行熱敷，過了一會兒，太子就能夠坐起來了。不用說，這使得虢君萬分驚喜，他熱淚盈眶，向扁鵲作揖道謝。扁鵲臨走時還留下了藥方，虢太子按方服了二十多天的湯藥，便完全恢復了健康。這就是世代傳說的扁鵲起死回生的故事。因此，當時的人都把扁鵲當作神仙看待。但是扁鵲並不因此而驕傲，也不炫耀自己的本領，他說：不是我有什麼本領能夠把病人救活，而是病人本來就沒有死。

　　又有一次，扁鵲到了蔡國，蔡桓公知道他有很高明的醫

術，就熱誠地招待他。扁鵲見了蔡桓公，根據蔡桓公的氣色，斷定有病。他對蔡桓公說：你已經有病了，現在病還在淺表部位，如果不趕快醫治，就會加重起來。蔡桓公因為自己當時並沒有不舒服的感覺，所以不相信扁鵲的話，反以為扁鵲是想借此顯示自己的本領，博取名利。過了五天，扁鵲又看見了蔡桓公，觀察到蔡桓公的病已經進入血脈之間，再勸他趕快醫治。蔡桓公還是不聽。再過五天，扁鵲又告訴蔡桓公說：你的病已轉到了胃腸，如果再拖延不治，恐怕就無法挽救了。蔡桓公這一次不僅不聽，反而對扁鵲說：我起居與平時一樣，沒有什麼毛病，請你不要再囉嗦了。又過了五天，扁鵲細看蔡桓公的氣色，知道他的病已經無法醫治了，於是一句話也不說就走開了。蔡桓公派人去問他為什麼走開，他說：病在淺表，可以用湯藥醫治；病到血脈，可以扎針醫治；病到內臟也還不是沒有辦法；可是現在蔡桓公的病已深入到骨髓，再也沒有方法可以醫治，所以只好退了出來。

不久，蔡桓公果然病倒了。他派人去請扁鵲，這時扁鵲已經到秦國去了。蔡桓公最終因為沒有聽扁鵲的話而病死了。

這就是著名的扁鵲會見蔡桓公的故事。

從上面一些流傳下來的故事，可以知道扁鵲是如何地精於望診和切診了。

這並不是說扁鵲治病只用望診和切診的方法，他同時也很注意從多方面來診斷疾病。他既看舌苔，又聽病人說話、呼吸和咳嗽的聲音，還問病源和得病前後的種種情況。除了病人以外，他還向病人的家屬和親友細細查詢，以求得準確的結論，

便於對症下藥。這就是上面提到的望、聞、問、切的綜合的診斷方法。這一套診斷方法的建立，是扁鵲在中國醫學史上的巨大貢獻。

扁鵲不僅在診斷學上有很大的貢獻，而且是醫學上的「多面手」。上面說到扁鵲給虢太子治病，就用了針灸、熱敷和湯藥三種方法綜合治療。扁鵲說：病的種類實在太多，這使百姓痛苦；醫治方法太少，這是醫生的苦惱。為了能夠迅速有效地給人們解除疾病的痛苦，滿足醫療上的需要，扁鵲還研習針灸、按摩和外科手術。他也精於醫治婦女、小孩和五官的疾病。相傳因為邯鄲（今河北邯鄲市）西南婦女多病，扁鵲在那裡的時候就花費大部分的時間為婦女治病。洛陽（今河南洛陽市）風俗尊重老人。扁鵲在那裡就當耳目科醫生，替很多老人治好耳聾眼花的毛病。他到咸陽（今陝西咸陽市）的時候，因為那裡的孩子多病，就幾乎變成小兒科的專門醫生。這些都說明扁鵲之所以能夠精通各科和各種醫療技術，是與他這種處處關注病患需求的熱情分不開的。

扁鵲一生有很多的時間是背著藥袋，帶著徒弟，天南地北地在各處奔走。他不辭登山涉水的辛勞，替各地百姓治病。因為他有這種治病救人的精神和高明的醫術，所以各地百姓都非常愛戴他、稱頌他。現在山東、河南、河北等地，還留存著古代百姓紀念他的古蹟，如廟宇、石碑等。

破除迷信，預防疾病

扁鵲為了人們的健康，還提出了一套破除迷信和預防疾病的思想。他認為身體應該好好保養和鍛鍊，有了病以後要趕緊請醫生醫治，拖延久了病就會加重起來，以至於不能醫治。他說，人不怕有病，就怕有了病以後不好好醫治，應該懂得輕病好治的道理。他又說，相信鬼神和巫師而不相信醫生的人，他們的病是不會治好的。扁鵲在迷信思想還很濃厚的古代，能夠毫不躊躇地提出反對相信巫師的看法，是很不容易的。

從扁鵲提出的這套思想中，也可以看出他是把人的生理和心理看成有機的整體，是能夠互相影響的。這一點有很大的實踐意義。

關於如何預防疾病，扁鵲告訴大家，健康時就要注意寒暖，節制飲食，胸襟要舒暢，不能動怒生氣等等。在今天看來，這些也都是合乎科學的。

扁鵲的被害

在當時那種社會裡，同行就是冤家。扁鵲的醫術很高，因而受到一些統治階級豢養的醫生們的嫉妒。扁鵲就是因此而被秦國太醫令李醯暗害。百姓群眾自然十分痛恨暗害扁鵲的傢伙，當他們知道李醯是暗害扁鵲的主謀者以後，十分憤怒。一天，李醯駕車出門，憤怒的人們把他包圍起來，要不是李醯的衛兵們保護他，這個卑鄙無恥、陰險毒辣的殺人犯，一定會被大家打死的。

　　扁鵲雖然被暗害了，但百姓群眾永遠懷念著他。

　　扁鵲為了使自己的醫術能夠保存下去，很注意培養徒弟。子陽、子豹、子問、子明、子游、子儀、子越、子術、子容等人，都是他的著名的徒弟，其中子儀還著有《本草》一書。

　　到漢朝的時候，扁鵲的醫療理論和經驗，被總結成一部醫學的經典著作，書名叫做《難經》，一共有八十篇。

第二章
兩漢科技名家

淳于意

淳于意，又稱太倉公或倉公。臨淄（今山東淄博）人。中醫學家。

淳于意生於西漢初期，政治形勢比較穩定，醫學已經出現了一個繁榮的局面，有大量醫學著作問世。著名的《黃帝內經》就是在此時完成的。淳于意在齊國任太倉長，即管理糧倉的小官吏，因而有太倉公之稱。他平時喜愛醫學，先拜公孫光為師，得到公孫光的傳授，一些重要醫學著作，包括《經脈上》、《經脈下》、《四時陰陽重》、《順逆》等，盡得其傳。對此，淳于意還不滿足，仍然尋求更多的學習機會。公孫光對他的好學不倦頗受感動，把他推薦到另一名醫公乘陽慶門下。公乘陽慶又把自己的藏書包括《黃帝脈書》、《扁鵲脈書》、《上經》、《下經》、《五色診》、《揆度》、《藥論》、《陰陽外變》等完全傳授給他。有名師指點，加上自己的勤奮努力，淳于意終於成為能「診病決生死，有驗，精良」的名醫。

淳于意精良的醫術受到當時各侯國的統治者的重視，都想聘到自己身邊，隨時任用。淳于意對此抱有反感，終於離開齊國，周遊各國。這一期間，齊王劉則得了怪病，無良醫醫治，最終死亡。齊王家族竟以此誣告淳于意擅離職守，把他投入獄中。後來，又把他押解去京城長安辦罪。臨行，淳于意哀嘆膝下無兒子，只有五個女兒，在緊急關頭竟無男兒幫助。其幼女緹縈十分傷感，決心隨父入京，並上書漢文帝，表示願代父

贖罪，為官家奴婢。漢文帝頗受感動，產生憐憫之心，予以特赦。淳于意專心從醫，努力鑽研，終於成為一代名醫，為中國醫學做出重要貢獻。

淳于意在醫學上的貢獻，根據司馬遷《史記·倉公傳》的記載，主要是醫案和脈診兩方面。

在中國醫學史上，他首創「診籍」，也即後來所說的醫案。這些診籍主要是為齊王家族診病時記載的，其內容包括患者的姓名、居處、職業或職位、主訴及病狀、診斷病症名、預後及方藥，有的病例還兼載病因及病理。多數診籍中還記載患者的脈象。這些記錄共二十五則，包括臨證方面的主要學科，其中大部分是內科病症，也有六例婦科病症、二例兒科病症、一例外科病症和一例口齒科病症。當時所用的病症名，有些奇特，如沓風、風癉、迴風、風蹶、蟯瘕，有不少病名，現在已經不用了。診籍的設立，給臨床科學留下了極為寶貴的資料。它為後世醫案記錄樹立了一種模式，便於臨床上總結成功的經驗和失敗的教訓，有利於臨床醫學的提高。淳于意在實際醫療中，還提倡多樣化的治療方法。其中包括湯劑、針灸、水療（以水拊其頭）、外敷藥、漱口藥以及陰道坐藥等，其中有些治療方法如陰道坐藥，不僅在國內是最早的記錄，還為後世的綜合療法打下基礎。

淳于意在脈診方面的成就也是很突出的。據《史記》載，中醫利用脈診於臨床，是戰國時期的扁鵲首先提出並實踐的。早期的脈診，是一種「三部九候」法，即對病人的頭頸部、上肢及下肢，都要摸脈診斷，這在實際應用中，有很多不便。有

第二章　兩漢科技名家

鑒於此，淳于意經過長期實踐和摸索，進行了一些改革。他在診脈時。只利用「寸口」的切脈法，即只切候上肢腕部的動脈。他所記錄的二十五例病案中，有二十例都有脈象記錄，說明脈診在他診斷過程中所占的重要位置。「寸口」脈在當時又叫「氣口」，是簡便而有效的切脈診斷法，這種方法一直沿用下來。淳于意對脈診的內容有深入細緻的記載。他認為人體內部臟腑的狀態，可以從切脈中反映出來，如在診籍中就提到有「心脈」、「肝脈」、「腎脈」，還提到如「脈無五臟氣」的情況，這是利用脈診判斷人體內部臟器健康狀態的記錄。這種透過寸口脈來判斷臟腑健康的方法，儘管診籍並非脈學診斷專著，因而記錄得不全面細緻，但淳于意確實是以這種方法來診斷內臟病症的。如他的診籍中載有「心脈濁躁」、「肝脈弦」、「腎脈主濁」等，表明他從脈象上判斷出內臟的病狀。這可以說是開中醫以寸口脈分候內臟病症的先河。

淳于意在診籍中所記載的脈象相當豐富，當時即已提到大、小、浮、沉、滑、數、急、弦、緊、散、實、長、代、堅、弱、躁等，還有清順、不一，計二十餘種脈象。其中絕大部分都在後世脈學中出現，晉代王叔和的《脈經》一書中，除後兩種以外，其他脈象大多都曾提到過。

淳于意是中國古代脈學診斷學的重要開拓者之一，對後世的影響甚大。有人認為，古代經脈學說的重要經典著作之一《難經》是淳于意所著，表明淳于意在傳統脈學中所占的重要位置。

除醫案、脈診方面的成就外，淳于意的醫療道德也是值得

提倡的。他所記載的診籍，不僅將成功的治癒的病例加以記錄，對於失敗的、死亡的病例，他也不加迴避。他如實地記載了患者死亡的原因，對病人及其家屬也直言不諱地指出預後轉歸的優劣。這種實事求是的醫療作風為後人所推崇和稱道。淳于意勤於學習，不恥下問，他不滿足於公孫一人所傳授的經驗，又拜公乘陽慶為師，這也是他在學術上取得成就的原因之一。他還以同樣的負責精神，毫無保留地將自己的經驗傳授給幾個門徒，其中有高期、王禹、杜信、唐安等人。

落下閎

落下閎，字長公。西漢巴郡閬中（今四川閬中）人。生卒年不詳，活躍於西元前一百年前後，天文學家。

西漢建立初始，仍沿用秦代曆法，即顓頊曆。至漢武帝元封年間，歷經百餘年，誤差積累已很明顯，出現朔晦月見等實際月象超前曆譜的現象。另外，按當時的推算，元封七年十一月甲子日的夜半，恰逢合朔和冬至，合乎曆元要求。於是，太史令司馬遷等人上書建議改曆。漢武帝同意，並下詔廣泛徵聘民間天文學家。落下閎在同鄉譙隆的推薦下，從四川來到京城長安參加改曆工作。

在改曆過程中，曾發生激烈的爭論。民間天文學家落下閎與鄧平和唐都等二十多人以及官方的公孫卿、壺遂和司馬遷都各有方案，相持不下，最後形成了十八家不同的曆法。經過仔

細比較，漢武帝認為落下閎與鄧平的曆法優於其他十七家，遂予採用，於元封七年頒行，並改元封七年為太初元年，因而新曆又稱為太初曆。

太初曆在行用後，受到包括司馬遷、張壽王等人的反對，張壽王甚至提議改回到殷曆。然而孰優孰劣，還要以實測為準。為此朝廷發起了一次為期三年的天文觀測，同時校驗太初曆和古六曆的數據，結果表明，太初曆更為符合天象。從此太初曆便站穩了腳跟，而且一直使用了將近兩百年。為表彰落下閎的功績，漢武帝特授以侍中之職，落下閎卻辭而不受，隱居於落亭。

太初曆仍用十九年七閏的置閏法，但取 29.438 日為一朔望月，由於分母為八十一，所以太初曆又稱八十一分法。它在很多方面超越顓頊曆，歸納起來主要有：

太初曆採用夏正，以寅月為歲首，與春種秋收夏忙冬閒的農業節奏合拍。

太初曆規定以無中氣之月為閏月。在二十四個節氣中，位於奇數者，即冬至、大寒、雨水、春分、穀雨、小滿、夏至、大暑、處暑、秋分、霜降、小雪，又叫做中氣。凡陰曆月中沒有遇到中氣的，其後應補一閏月。這種方法顯然要比以前的年終置閏法更為合理。

為制曆需要，落下閎親自製造了一架符合他渾天觀點的觀測儀器，即渾儀。據推測，落下閎的渾儀由赤道環和其他幾個圓環同心安置構成，直徑八尺。有的環固定，有的則可繞轉，還附有窺管以供觀測。

　　透過實際天文觀測，並參閱歷代積累的天文數據，太初曆第一次記載了交食週期，為 135 個朔望月有 11.5 個食季，即在 135 個朔望月中太陽通過黃白交點 23 次，可知一食年為 346.66 日，比現代測量值大不到 0.04 日，循此規律可預報日月食。太初曆所測五星會合週期與現代測定值比較，誤差最大的火星為 0.59 日；誤差最小的水星，相差僅僅 0.03 日，已屬不易。另外，作為基本數據，落下閎測定的二十八宿赤道距度（赤經差），一直沿用到唐開元十三年，才被一行重新測定的值所取代。

　　可以說太初曆具備了後世曆法的主要要素，如二十四節氣、朔晦、閏法、五星、交食週期等，是中國現存第一部完整的曆法。

　　出於政治原因，太初曆的朔望月數值特意附會八一這個數字，使得精度反而低於顓頊曆。

召信臣

　　召信臣，字翁卿。九江郡壽春（今安徽壽縣）人。生卒年不詳，活躍於西漢初元至競寧年間。

　　召信臣以明經甲科（漢代考試取士，分甲、乙、丙三科）出身任職郎中，後出補穀陽長，又舉高第（考核優秀者稱高第）遷上蔡長。他在任期間愛護百姓，得到百姓稱頌。升任零陵太守，因病歸家。病癒後徵為諫議大夫，又遷任南陽太守。他和在谷陽、上蔡時一樣，一心為民。他工作勤奮，又很有方

第二章　兩漢科技名家

略。「好為民興利，務在富之」。他經常深入鄉村，鼓勵農民發展生產。出入田間，有時就在野外休息，難得有安居之時。他巡視郡中各處水泉，組織開挖渠道，興建了幾十處水門堤堰，灌溉面積逐年增加，最後多達三萬頃。百姓因之富足，戶戶有存糧。召信臣還大力提倡勤儉辦理婚喪嫁娶，明禁鋪張。對於有些遊手好閒、不務農作的府縣官員和富家子弟，則嚴加約束。使南陽郡社會風氣極好，人人勤於農耕。以前流亡在外的百姓紛紛回鄉，戶口倍增。而盜賊絕跡，訟案也幾乎沒有。郡中百姓對召信臣非常愛戴，稱召信臣為「召父」。荊州刺史（當時南陽郡歸屬荊州刺史部）上報召信臣為民興利，全郡殷富。朝廷賜金獎勵，遷召信臣為河南太守（河南郡治今洛陽市東二十公里）。召信臣一如既往，治行考核常常都是第一等，又多次升級受獎。竟寧元年被徵為少府，列九卿之一。多次上疏，奏請裁減樂隊、戲班等糜費之項，不再大事修繕偏遠宮館。當時已經利用溫室在冬天種植蔥、韭等蔬菜，供宮中享用。召信臣認為這些都是「不時之物，有傷於人」，也奏議裁撤。每年省錢數千萬。後召信臣卒於官。

　在召信臣主持興建的南陽水利工程中，最有名的是六門塌和鉗盧陂。六門堨又叫穰西碣，在今河南鄧縣城西一點五公里。它壅遏漢水的二級支流湍水（流入漢水支流清水，今白河），形成水庫。最初設三處水門引水，元始五年增加到六處，所以叫六門堨。水由水門分出後，沿途形成二十九個陂塘，形成「長藤結瓜」式灌溉系統。可以灌溉穰縣（今鄧縣）、新野、涅陽（今鄧縣東北）三縣五千多頃農田。這一帶水利歷

史上經過多次興廢，明代末年才完全廢棄。鉗盧陂在鄧縣城南三十公里，號稱灌田萬頃，廢於清代前期。

召信臣不僅大力興修水利工程，也注重管理。他「為民作均水約束，刻石立於田畔，以防分爭」。由於建設與管理並重，使得南陽水利得以長盛不衰，呈現一片興旺景象。東漢張衡在《南都賦》中，生動地描繪了南陽水利的盛況：「於其陂澤，則有鉗盧、玉池、赭陽、東陂，貯水淳灣，互望無涯。……其水則開竇灑流，浸彼稻田。溝澮脈連，堤塍相裙。……其原野則有桑漆麻苧，菽麥稷黍。百穀蕃廡，翼翼與與。」繼召信臣之後，東漢建武七年任南陽太守的杜詩同樣重視發展農業，「修治陂池，廣拓土田，郡內比室殷足」。他還發明了在水利機械史上有重大意義的「水排」，用以鼓風煉鐵，冶鑄農具。二人被百姓並稱為「前有召父，後有杜母」。

元始四年漢平帝詔令各地推舉為民謀利的已故官員士紳，以行祭祀，九江郡推選了召信臣。《漢書》中，兩次將召信臣列為西漢「治民」的名臣之一，可見在當時召信臣也已聲名卓著。清代齊召南評述說：召信臣對南陽的貢獻足以和李冰對四川（修都江堰），史起對鄴縣（引漳灌溉）的貢獻相媲美。

杜詩

杜詩，字公君。河內汲縣（今屬河南）人。善治機械、農田水利。

第二章　兩漢科技名家

　　杜詩青年時期就才能出眾，在河內郡（今河南武陟西南）任吏員時，人們讚揚他處事公平。光武帝初年，為侍御史。當時將軍蕭廣放縱士兵，在洛陽民間為非作歹，老百姓惶恐不安。杜詩通告蕭廣約束部下，蕭廣不予理睬。杜詩下令按法誅蕭廣，並將經過情形向上匯報，得到表揚。光武帝見他能幹，又派他去河東郡（今山西夏縣西北）誅剿降漢復又叛變的楊異等人。杜詩到了大陽（今山西平陸西南，屬河東郡），聽說楊異率部下企圖北渡，立即派人設法焚燒掉他們的渡船；另又派人收服河東郡的地方軍，並進行突襲，終於殲滅楊異等人。杜詩被遷為成皋（今河南滎陽氾水鎮）令，任職三年，政績裴然。再遷為沛郡（今安徽濉溪縣西北）都尉，轉汝南（今河南平輿縣北）都尉，「所在稱治」。建武七年，杜詩遷升為南陽郡太守。在南陽郡任職七年，「政治清平，以誅暴立威，善於計略，省愛民役」，「政化大行」。在此期間，他還做了兩件在科學技術史上有意義的事：一是興修水利；一是製作水排。建武十四年病死，身後「貧困無田宅，喪無所歸」。最後由朝廷賜賻才得以喪葬。

　　秦漢時期，長江流域的灌溉以漢水支流唐白河地區的發展最為顯著，而唐白河的灌溉又以今河南的南陽、鄧縣、唐河、新野一帶較為發達。唐白河地區為浸蝕，沖積平原，年降雨量約九百毫米左右，氣候溫和，適於作物生長。這裡開發較早，到西漢中期經濟已相當發達。農田水利在西漢後期有突飛猛進的發展。元帝時，南陽太守召信臣對此地的水利和農業生產有特殊貢獻，因而受到當地百姓的擁戴，被譽為「召父」。東漢

時期，南陽水利事業進一步興盛，杜詩在這方面也作出了很大成績，促進了當地農業生產的發展。史載，杜詩「修治陂池，廣拓土田，郡內比室殷足」。

所謂「水排」，就是利用水力推引韝韛鼓風的器具，用於冶金。生鐵的早期發明，是中國對世界冶金技術的傑出貢獻。要獲得液態生鐵，需有較高的爐溫。有風就有鐵，鼓風技術對於生鐵冶鑄的發展有著極重要的意義。《禮記》說：「良冶之子，必學為裘。」從商周以來，都用皮囊鼓風，子繼父業，年輕工匠必須學會縫製皮囊的技巧。說明早期冶鑄匠師高度重視鼓風器具的製作。鼓風裝置由人力驅動（人排）發展到用畜力和水力驅動（馬排、水排），是東漢冶鐵技術的重大創新。由於杜詩的倡導，水排最晚約在西元一世紀上半葉於南陽地區已被普遍使用。《後漢書．杜詩傳》說杜詩「造作水排，鑄為農器，用力少，見功多，百姓便之」。水排的功效不僅比人排好，就算比馬排也高得多，《三國志．魏志，韓暨傳》寫道：「舊時冶作馬排，每一熟石，用馬百匹。更作人排，又費功力。暨乃以長流為水排，計其利益，三倍於前。」鑒於杜詩的功績，南陽老百姓把他與召信臣相比，說：「前有召父，後有杜母。」元代《王禎農書》詳細記述了立輪式和臥輪式水排的形制，並繪有圖形。

班固

班固，字孟堅。扶風安陵（今咸陽）人。地理學家、史

學家。

　　班固的地理學成就有以下五個方面：

開創了正史地理志的先例

　　在正史中專列《地理志》是從班固的《漢書·地理志》開始的。班固生活的時代是漢朝已建立了兩百多年之際，王朝空前統一和強盛，經濟發達，版圖遼闊，陸海交通發達。地理知識的積累遠非《山經》和《禹貢》時代可比，社會生活和管理對地理知識的需要也空前迫切。地理撰述不再近則憑證實，遠則憑傳聞，而是國家掌握的各地方當局的直接見聞，乃至相當準確的測繪和統計了。記錄大量實際地理資料的地理著作的出現雖是那個時代的要求，但是，在正史中專列《地理志》卻是班固對後世的重大貢獻。封建時代，一般的地理著作很難流傳到今天，但正史中的《地理志》，在後世王朝的保護下，較易流傳下來。班固在正史中專列《地理志》的作法，被後世大部分正史及大量的地方志所遵奉。這樣就為我們今天保留了豐富的地理資料，為研究中國古代地理學史及封建時代的社會、文化史提供了重要條件。班固對正史《地理志》的開創之功不可忽視。

開創了政區地理志的體例

　　班固《漢書·地理志》的結構內容共分三部分：卷首（從「昔在黃帝」至「下及戰國、秦、漢焉」）全錄《禹貢》和《周禮·職方》這兩篇，並依漢代語言作了文字上的修改；卷末（從

「凡民函五常之性」至卷終）輯錄了以《史記‧貨殖列傳》為基礎的劉向《域分》和朱贛《風俗》；正文（從「京兆尹」至「漢極盛矣」）主要寫西漢政區，以郡為綱，以縣為目，詳述西漢地理概況。這部分是以漢平帝元始二年的全國疆域、行政區劃為基礎，敘述了 103 個郡國及所轄 1578 縣（縣 1356，相當縣的道 29，侯國 193）的建置沿革、戶口統計、山川澤藪、水利設施、古蹟名勝、要邑關隘、物產、工礦、墾地等內容，篇幅占了《漢書‧地理志》的三分之二。正文這種以疆域政區為框架，將西漢一代各種自然地理和人文地理現象分系於相關的政區之下，從政區角度來了解各種地理現象的分布及其相互關係的編寫體例，可以稱之為政區地理志。這種體例創自班固，表現了他以人文地理為中心的新地理觀。班固以前的地理著作，如《山海經》、《職方》等，一般都以山川為主體，將地理現象分列於作者所擬定的地理區域中，而不注重疆域政區的現實情況。《禹貢》雖然有了地域觀念，以山川的自然界線來劃分九州，分州敘述各地的地理。但「九州」僅是個理想的制度，並沒有實現過。所以《禹貢》還不是以疆域、政區為主體、為綱領的地理著作。班固之所以形成以人文地理為中心的新地理觀，除了他本人的原因之外，還因為他生活在東漢這個具體的歷史時代。中國行政區劃起始於春秋戰國之際，但尚未有統一四海的封建國家出現。隨後的秦代雖然一統天下，但歷時很短。自漢朝廷立到班固生活的東漢，已經有了兩百多年長期穩定的歷史，在疆域廣袤的封建大帝國內，建置並完善了一套郡（王國）一縣（邑、道、侯國）二級行政區劃。長期實施的社會

制度，促成了新地理觀念的產生。班固的這種新地理觀隨著大
一統觀念的加強，隨著重人文、輕自然、強調天人合一的中國
傳統文化精神的鞏固而一起被長期繼承下去。不但名正史地理
志都以《漢書・地理志》為藍本，而且自庸《元和郡縣誌》以
下的歷代全國地理總志也無不仿效其體例。班固的地理觀及其
《漢書・地理志》模式對中國古代地理學的發展產生了深遠影
響。一方面是為中國保留了一大批極有價值的人文地理資料，
另一方面也妨礙了自然地理觀念的發展。直到明末《徐霞客遊
記》問世之前，中國始終缺乏對自然地理現象進行科學描述和
研究的專著，至多只有記錄自然地理現象分布和簡單描述的作
品，往往還是像《水經注》那樣以人文地理資料的記錄為主。
之所以出現這種情況，班固的地理觀及其《漢書・地理志》模
式的影響不能不說是其重要原因之一。

開沿革地理之始

　　班固不僅在《漢書・地理志》中首創了政區地理志的模
式，同時也完成了首例沿革地理著作。《漢書》雖然是西漢一
朝的斷代史，但《漢書・地理志》記述的內容超出西漢一朝。
它「因先王之跡既遠，地名又數改易，是以採獲舊聞，考跡詩
書，推表山川，以綴《禹貢》、《周官》、《春秋》，下及戰國、
秦、漢」。它是一部西漢的地理著作，又涉及到各郡國的古代
歷史、政區沿革等。比如，卷首寫漢前歷代疆域沿革，除全
錄《禹貢》、《職方》兩篇外，班固還在《禹貢》前增以黃帝至
大禹、《禹貢》與《職方》間加以大禹至周、《職方》後綴以周

至秦漢的簡略沿革，保持了漢以前區域沿革的連續性。又比如，卷末輯錄了劉向的《域分》和朱贛的《風俗》，分述以秦、魏、周、韓、鄭、陳、趙、燕、齊、魯、宋、衛、楚、吳、粵（越）等故國劃分的各地區概況，其中沿革是重要內容之一。再比如，班固在正文中於政區地理的框架中納入其他門類的地理現象，將其分系於各有關的郡國和縣道之下，並主要採取注的形式敘述各郡國從秦代到王莽時的建置沿革。縣一級政區並載明王莽的改名。班固在《漢書‧地理志》中注重地理沿革的做法被以後的正史地理志、全國地理總志和大量的地方志所沿用，使後世的沿革地理著作成為中國古代地理學的重要部分。

記錄了大量的自然和人文地理資料

　　班固的《漢書》是中國西漢的斷代史，其中記載了當時大量的自然和人文地理資料，尤其集中在其中的《地理志》以及《溝洫志》和《西域列傳》等篇目中。例如，僅《漢書‧地理志》的正文中就記載川渠 480 個，澤藪 59 個，描述了全國三百多條水道的源頭、流向、歸宿和長度，是《水經注》出現以前內容最豐富的水文地理著作。正文中還記載有 153 個重要山岳和 139 處工礦物產位置分布情況；有屯田的記錄；有水利渠道的建設；有各郡國及首都長安、少數重要郡國治所及縣的戶數和人口數統計資料 113 個，是中國最早的人口分布記錄，也是當時世界上最完善的人口統計資料。書中有陵邑、祖宗廟、神祠的分布；有具有歷史意義的古國、古城及其他古蹟記錄；有重要的關、塞、亭、障的分布以及通塞外道路的內容等。總之，

《漢書》中所記載的自然地理、經濟地理、人口地理、文化地理、軍事交通地理等內容為今天研究漢代的社會提供了寶貴的資料。

保存了寶貴的邊疆地理資料

　　班固的《漢書》在《地理志》、《西域列傳》等篇中記載了大量的邊疆地理資料。西漢是中國歷史上最強盛的王朝之一，幅員遼闊，交通、文化、經濟發達。經過武帝時張騫的幾次出使西域和漢軍的幾次出征，開通了絲綢之路；經過張騫等人的「通西南夷」，對當時西南地區有了一定了解。此外，西漢時對東南沿海、南海及印度洋的地理也有一定認識。這些在《漢書》中有豐富的記載。如《漢書・地理志》最早記載了一條從今徐聞西出發到印度南部和斯里蘭卡的航海線，對沿途各地的地理現象做了記錄。又如，《漢書・嚴助傳》記載淮南王說閩越（即福建）的情況是「以地圖察其山川要塞，相去不過數寸，而間獨數百千里，阻險林叢弗能盡著。視之若易，行之甚難」。再如，《漢書・匈奴傳》記載漢元帝時侯應上書說：匈奴「外有陰山，東西千餘里，草木茂盛，多禽獸」。又說：「幕北地平，少草木，多大沙。」這些描述蒙古高原的內容說明漢代人們對邊疆地理已有相當程度的認識，給我們今天留下了豐富的研究材料。

　　班固是中國東漢著名的學者，《漢書》中有關地理方面的記述是他根據檔冊進行抄錄、編纂而成的，特別是《地理志》博

采西漢以前的地理著作匯為一篇。著書的宗旨是「追述功德」，表彰漢朝使之「揚名於後世」，同時為當時行政管理服務。因此，地理的內容以政區沿革地理為框架，自然地理內容排在其次。這樣以人文地理為主的地理觀與中國傳統文化精神一致，《漢書・地理志》的模式容易被後世的正史地理志、全國總志、地方志仿效，從而對中國古代地理學的發展產生很大影響。班固所開創的《漢書・地理志》模式對後世沿革地理的蓬勃發展起了促進作用，但也阻礙了自然地理的進步；它記錄了大量的人文和自然地理資料，但也阻礙了理論的發展，特別是自然地理學理論的發展。從《漢書・地理志》的內容來說，它是從事中國疆域政區沿革研究的基礎，是研究中國疆域地理必讀的書，是研究漢代地理必讀的書。

　　總之，班固在沿革地理學的開創和地理資料的保存方面都是卓有成就的，他是中國封建社會頗有影響的歷史地理學家。

蔡倫

　　蔡倫，字敬仲。桂陽郡耒陽（今湖南耒陽）人。

　　蔡倫家鄉地處長江以南湘水（今湘江）支流耒水流域，是米穀之鄉。他出身於普通農民之家，從小隨長輩種田。漢章帝劉炟即位後，派人至各郡縣選聰明伶俐的幼童入宮。永平十八年蔡倫被選入洛陽宮內為宦者，時年約十五歲。當時幼年宦者須習字讀書禮，蔡倫因成績優異，於建初元年任小黃門。此後

第二章 兩漢科技名家

他作為黃門侍郎而掌宮內外公事傳達及引導諸王朝見、就座等事。蔡倫初入宮時，章帝妃宋貴人所生皇長子劉慶被立為太子。次年梁貴人又生皇子劉肇。正宮竇皇后因無子，遂指使蔡倫誣陷宋貴人「挾邪媚道」，逼令她自殺，太子劉慶被貶為清河王。竇后又指使人投「飛書」（匿名信）誣陷梁貴人，強奪劉肇為養子且立為太子，梁貴人憂死。章帝卒後，劉肇十歲登極為和帝，由竇太后臨朝聽政。蔡倫因替竇后盡力辦事，即被拔升為中常侍，隨侍幼帝劉肇左右，備顧問、掌理文書，凡下達詔命或百官奏章悉由其傳遞，能出入宮禁。此職權力極大，能參與軍國機務，秩俸二千石，與九卿同等。中國歷史上宦官干預國政，即始於此。

竇太后無視幼帝，愈益驕橫，永平九年卒，和帝親政，廢其太后尊號。永元十四年和帝立鄧綏為皇后，蔡倫旋即投靠鄧皇后。他見鄧后喜歡在紙上舞文弄墨，乃自請兼任尚方令。尚方令為少府屬官，俸祿六百石，主管御用刀劍及諸器物，與中常侍高位本不相稱，蔡倫為投鄧后所好，甘屈尊兼就此職。元興元年和帝卒，鄧后所生百日嬰兒即位。不到兩年幼帝再卒，鄧后乃立十三歲皇侄劉祜嗣位，是為安帝。劉祜為清河王劉慶之子，即位初期由鄧太后柄政，故蔡倫又得重用。他不但是中常侍，且被太后封為龍亭侯，食邑三百戶，封地在今陝西洋縣，從此進入貴族行列。封侯後不久，約於元初五至六年蔡倫又被提升為長樂太僕，相當於大千秋。從此他成為鄧太后首席近侍官。他的特殊地位使他不但能隨時與皇帝接近，還能與皇后、皇太后接近，受到滿朝文武奉承。正當他權位處於頂峰

時，建光元年鄧太后卒。安帝親政後，因蔡倫當初受竇后指使參與迫害其皇祖母宋貴人致死、剝奪皇父劉慶皇位繼承權，乃敕令廷尉審訊蔡倫。他自知死罪，遂自盡而亡。蔡倫一生在內廷為宦四十六年，先後因侍奉四個幼帝、投靠兩個皇太后而節節上升，位尊九卿，身居列侯，然以慘死告終。他在這方面本不光彩，但他在兼管尚方時，卻因作出推動手工業工藝發展的事而得以留名於後世。

蔡倫主管尚方期間，曾「監作祕劍及諸器械，莫不精工堅密，為後世法」。《後漢書‧蔡倫傳》中的這段話有近代考古發掘實物為證。當時所造器物在質量、性能及外觀上確是精工堅密，堪為後世仿效。說明蔡倫在兼任工官時亦盡心盡職。尚方令這項工作使他對工業技術發生興趣，他每有空暇即閉門謝絕賓客，親至現場作技術調查，掌握了有關工業技術知識。他的創新精神，對發展當時金屬冶煉、鑄造、鍛造及機械製造工藝方面造成不小的作用。此時製造的鋼刀以炒鐵為料，經多次鍛打而成百煉鋼。但他對工藝技術的最大貢獻在造紙方面。先秦時中國書寫紀事用的是竹簡、木牘及縑帛。但簡牘笨重，絲織物昂貴，均不便使用。隨著社會經濟及文化發展，需要廉價易得的新型材料取而代之，為此人們作了各種探索。

早在西漢初就已有了用廢舊麻繩頭和破布為原料製成的麻類植物纖維紙。一九八六年甘肅天水市放馬灘西漢墓中出土繪有地圖的麻紙，年代為文帝、景帝之時。一九五七年西安市灞橋也出土不晚於武帝時的麻紙。另外，在陝西、甘肅其他地方所出土的西漢麻紙，可用於包裝和書寫，確是簡牘、縑帛的

理想代用品。東漢定都洛陽後，西漢麻紙技術得以繼續發展。鄧皇后因喜歡文史及紙墨，曾令各州郡勿貢珍品，「但歲貢紙墨而已」，說明西元一〇二年前各地已生產麻紙進貢。凡帝、后喜歡的，蔡倫都在尚方精製。他掌管宮內文書檔案時也深感「帛貴而簡重，並不便於人」，於是他決定造出比西漢紙更好的紙。為此，他總結前代及同時代造麻紙的技術經驗，組織生產優質麻紙。鄧太后嘉其能，從此造麻紙技術在各地進一步推廣。蔡倫在主持研製楮皮紙時，完成了以木本韌皮纖維造紙的技術突破，並擴充原料來源、革新造紙工藝。皮紙的出現是一項重大技術創新，蔡倫正是這項創新的倡導者。

　　造紙術是中國四大發明之一，對促進世界文明發展有重大作用。關於蔡倫與造紙術的關係，當今有兩種不同意見。第一種意見認為他是造紙術發明者，第二種意見認為西漢初已用紙代簡，蔡倫只是造紙術革新者。現在看來第二種意見是正確的，因早在蔡倫兩百年前的西漢初即已有用於書寫的麻紙。蔡倫的貢獻是組織並推廣了高級麻紙的生產和精工細作，促進了造紙術發展，但「造意用樹膚以為紙」者，倒有可能是蔡倫或其尚方下屬。皮紙用樹皮纖維製成，其技術難度比麻紙更大。蔡倫的貢獻就在於使皮紙生產在東漢發展起來。麻紙及皮紙是漢代以來一千兩百年間中國紙的兩大支柱，中國文化有賴這兩大紙種的供應而得以迅速發展。至晉代時，紙已最終取代帛簡成為主要書寫材料。蔡倫在促進麻紙及皮紙生產方面起了很大作用，他雖不是造紙術發明者，但作為技術革新者和組織推廣者的歷史地位應予肯定。

元初元年鄧太后鑒於內廷所藏經傳傳抄多誤，乃詔儒者劉珍及五經博士等人於東觀校訂，令蔡倫監典此事。東觀是洛陽宮內藏書及著述之所，蔡倫領銜率這批學者校訂，是為了向全國提供經書的標準文本。這次校訂經書的工作，是朝廷提供欽定經傳紙寫本的開端。因完成後要將所抄副本頒發各地方官，從而形成大規模用紙抄寫儒家經典的高潮，使紙本書籍成為傳播文化最有力的工具。東漢紙於二十世紀時在西北地區也曾出土。中國造紙術起始於西漢，在東漢時期打下堅實基礎，至魏晉南北朝獲得發展，且開始向國外傳播。東漢在造紙史中是承上啟下的階段，蔡倫就是在這個歷史階段成為促進造紙術發展的關鍵人物。

張衡

令人敬仰的科學家

中國古代有許多偉大的科學家，他們的卓越成就，在中國文化史上閃耀著燦爛的光輝。東漢時期的張衡，就是其中的一個。

張衡，字平子，出生於南陽郡西鄂縣（今河南南陽縣石橋鎮）的一個官僚家庭。他的學問很淵博，創造力也非常充沛，在科學上有很高的成就，特別在天文曆算方面貢獻更大。張衡在學術上有著非常巨大的成就，主要是因為他既能刻苦鑽研，

實事求是，又不為傳統觀念所侷限，擁有敢想、敢做的精神。

不受傳統束縛，注重實際

　　張衡的祖父叫張堪，做過多年太守。但他比較清廉，不像別的官僚那樣專門搜括百姓脂膏，所以沒有什麼積蓄。張衡的父親死得又早。因此，張堪去世以後，張衡一家的生活便比較困苦，有時還需要人家的幫助。這使得生長在官僚家庭裡的張衡，從小沒有染上遊手好閒的壞習氣，而能認真地學習。

　　張衡對於研究學問非常刻苦，他讀書一絲不苟，而且思想開闊，不受傳統觀念的束縛。當時一般士大夫人家子弟，都必須讀《詩經》、《書經》、《易經》、《禮記》、《春秋》等儒家經典，張衡少年時代也熟讀過這些書。雖然如此，但他卻不喜愛這些經書，認為經書太束縛人們的思想。張衡少年時代最喜愛的是文學，他對當時著名文學家，像司馬相如、揚雄等人的作品，都曾經下過一番功夫，不但能深刻理解而且能夠背誦。因此他很早就能作一手好詞賦，人們對他的文學才能很為讚羨。

　　青年時代的張衡就懂得：讀書固然是獲得知識的一個方法，但是一個人要在學問上有成就，除了書本以外，還必須有實際生活的經驗，從實踐中求知識。因為這樣，張衡自然不會滿足於「閉門坐家中，苦讀聖賢書」的生活了。他渴望出外遊學，多多接觸現實，以充實生活和開闊自己的眼界，尋求書本以外的實際知識。

　　西元九十四年，張衡才十七歲，他就離開家鄉，出外遊

歷，訪師求學。

　　張衡遊歷的目的既然不是為了尋求功名，因此，他離開家鄉以後並不是先到京師洛陽去，而先去漢朝的故都長安（今陝西省西安市）。長安周圍在當時叫做京兆（包括今西安、華陰、蘭田等地方），和左馮翊（今西安以東，北到朝邑、郃陽地區）、右扶風（今西安以西到鳳翔、寶雞地區）合稱三輔，是當時最富庶繁華的地區，也是學術文化的中心。

　　從西元九十四年到九十五年，張衡在三輔一帶走過了許多地方，遊覽了名山大川，考察了歷史古蹟，也訪問了民情風俗，調查過市井制度和商業交通的情況等。

　　遊歷了三輔以後，張衡到了洛陽。他在洛陽住了五六年，但沒有結交貴族豪門，奔走鑽營，也沒有進當時專門培養官僚的學校 —— 太學；卻到處求師訪友，虛心向他們討教，因而獲得了不少知識。他曾對人家說過：「不做官有什麼關係？重要的是修養品德，研究學問。」當時許多學者在學術上各有主張，張衡則並不盲從任何一家學說，他有獨立思考的精神，對各家學說採取批判地接受的態度。這是他後來獲得巨大成就的原因。

　　張衡在洛陽結識了不少有學問的朋友，其中像馬融，是當時著名的辭賦作家，又擅長於音樂，後來成了東漢的儒學大師。像竇章，也是一個很有學問的人，謙虛儉樸，很受當時人們的尊重。像王符，是當時有名的政論家，他的著作《潛夫論》一直流傳到現在，成為研究東漢時代社會情況的寶貴歷史資料。像崔瑗，對於天文、數學、曆法有精深的研究。在這些

朋友中間，崔瑗對張衡的影響最大，他們常在一起談論學問，交情也最深。這對於張衡後來研究天文、數學等科學並獲得巨大的成就，是有一定關係的。

從文學哲學到天文曆算的研究

上面說到張衡青年時代很喜愛文學。他在三輔一帶遊歷的時候，就寫了著名的《溫泉賦》。在《溫泉賦》裡，他歌頌了「湯谷」的優美，春水的清新，和山河的壯麗。這篇東西還一直流傳到現在，可惜已經殘缺不全了。

張衡居住在洛陽的期間，也寫了不少優美的辭賦，如《定情賦》、《同聲歌》、《扇賦》、《七辯》等。這些作品雖然也沒有全部流傳下來，有的只殘存幾十字或幾百字。但是，從這些片段的文句中，我們也可以看出他有很高的文學才能。

這些文學作品流傳出去以後，張衡的名氣漸漸大了起來。東漢時候還沒有實行科舉制度，做官不是憑考試，而是靠州郡地方官的保薦。各地地方官每年可以保薦一二名「茂才」或「孝廉」，送到京師，由皇帝錄用，先做小官，以後可以慢慢升遷。南陽郡守曾經幾次要想保薦張衡為「孝廉」，張衡拒絕了。

西元一〇〇年，有一個叫鮑德的「黃門侍郎」，調到南陽郡去當太守。他因為仰慕張衡的才華，又因為張衡是南陽郡人，多方設法邀請張衡回到南陽郡去幫助他辦理郡政。這時，張衡一方面因為在京師已經住了五六年，生活上發生困難；另一方面因為鮑德在地方官中是一個比較有品德有學問的人，並且張

衡也有回到家鄉看看的願望，因而答應了鮑德的要求，做了鮑德的助理 —— 主簿官。當時張衡是二十三歲。

主簿官的職務主要是辦理來往文件，不直接處理行政事務。以張衡的才能來擔任這個工作，自然比較清閒。這使得張衡有時間和精力，利用他在遊歷三輔和洛陽時收集到的材料，寫成長達五六千字的《西京賦》和《東京賦》，合起來叫做《二京賦》。張衡寫這兩篇賦，前後總共花了十年的時間，寫了又改，改了又寫。《後漢書》的《張衡傳》說他「精思博會，十年乃成。」可見張衡對待寫作的態度是十分嚴謹的。

張衡寫《二京賦》的時候，東漢的政治局面比較安定，社會經濟得到了較快的發展，國勢也很強盛。但是由於壓在百姓頭上的貴族、官僚和地主們生活奢侈糜爛，貪得無厭地進行剝削，使得百姓的生活一天比一天困苦，以至於生活不下去。張衡在《二京賦》裡，除了頌揚當時東漢國勢的隆盛以外，也指責了官僚貴族們的昏庸腐朽。他的《東京賦》中有一段大意是說：官僚、貴族都以壓榨老百姓來求得自己的享受快活，但忘記了老百姓會把他們當作仇敵看待，他們不惜毀壞器物來供自己玩樂，但忘掉了老百姓會起來反抗而使他們憂患。張衡指出：「水可以載舟，也可以覆舟」，諷諫他們不要奢侈荒淫得太過分了。張衡說這些話，自然是站在維護封建統治秩序的立場，但同時也譴責了當時封建統治階級的荒淫腐朽，這一點則是他和一般士大夫不同的地方。

在《南都賦》裡，張衡生動地描繪了南陽郡的繁榮景象，也反映了當時的社會面貌、百姓生活情況和民間的風俗習慣。

第二章　兩漢科技名家

它不但是一篇優秀的文學作品，並且還是研究當時社會情況的可貴資料。

張衡在南陽郡當主簿官的期間，也做了一些有益於百姓的工作，這就是他幫助鮑德興修了一些水利工程，和發展了一些當地的教育事業。因為注意興修水利，在各地連年災荒的時候，南陽郡卻獲得了豐收。南陽郡的郡學學舍荒廢了多年，張衡勸鮑德加以修理，讓一些青年們有研習學問的地方。在學舍修建完成的時候，鮑德邀請了當地的儒家學者來參加典禮，舉行宴會。為了這事，張衡寫過《南陽文學儒林書贊》，來紀念當時的盛況。

鮑德在南陽郡當了九年太守，西元一〇八年（漢安帝永初二年）被調到京師，升為大司農（漢代中央政府管理田賦稅收的官名）。張衡沒有跟鮑德同去京師而獨自回家繼續專心研究學問。到西元一一一年，因為漢安帝的徵召，張衡才再次到京師洛陽去。

張衡住在家裡研究學問的期間，有個叫鄧的，依仗著姊姊鄧太后的勢力，在朝廷裡做了大將軍。鄧為了裝點自己門面，多次邀請張衡到他那裡去做官，張衡堅決拒絕了。

這時張衡開始研讀當代文豪和哲學家揚雄著的《太玄經》。《太玄經》是一部研究宇宙現象的哲學著作，也談到天文曆算等方面的問題。當時一般人因為它的內容很艱深，而且談的是哲理，所以都不願意在這上面花費時間和精力，而張衡卻對揚雄這部著作感到很大的興趣。張衡在細心地研讀了《太玄經》以後，受到很大的啟發。他由那裡接受了一些唯物主義和無神

論的思想，因而有了尋求宇宙發展規律的願望。這使得張衡逐漸由文學創作轉到哲學研究，轉向對宇宙現象的探索，而終於在天文曆算方面獲得了巨大的成就。

讀書而善於吸取其中的精華，不斷前進，進行創造性的研究工作，在這一點上，張衡是很好的模範，值得我們好好學習。

張衡研究學問的態度是非常嚴肅認真的，對於大小問題，他都不輕易放過，一定要弄個明白才肯罷手，並且有恆心，有毅力。崔瑗說他研究學問的態度，像大江裡的江水一樣，日夜奔流，片刻不停。這也是張衡能夠在學術上獲得巨大成就的重要原因之一。

渾天說和渾天儀

西元一一一年張衡被徵召到京師。因為這一年漢安帝頒布命令，要全國各地地方官保舉有學問和通達政教的人，張衡當時的名氣很大，因而被徵召了。張衡到京師以後，開始在尚書台衙門裡當郎中 —— 起草文書的官。過了三年升為尚書侍郎，再隔一年又調做太史令。太史令的職務是掌管曆法，觀測天文氣象等等。朝廷有祭祀等典禮，都由太史令揀選所謂「良辰吉日」，有什麼封建皇帝認為是「吉祥」的徵兆，或者有什麼災異，也都由太史令紀錄，並且報告皇帝。張衡被任命當這個官，自然因為朝廷已經知道張衡對於天文曆算有高深的研究，而這又給了張衡進一步研究天文曆算提供了更加方便的條件。

第二章　兩漢科技名家

天文曆算在中國是發達得很早的學問。因為我們祖先很早就從事農業生產，知道農作物的栽培，生長和收穫，都和季節氣候有著密切的關係，因而早就很注意於天文的觀測和曆法的制訂，以便不誤農時按季節進行耕作。據甲骨文上的記載，3,000 年前的殷代，已經有 13 個月的名稱；《書經》裡有每年 366 日，和以閏月定四時成歲的話。關於星辰方面，我們祖先在周朝就有 28 宿的說法，戰國時代楚國天文學家甘地震儀內部結構和魏國天文學家石申，就記載了 120 顆恆星的位置。中國關於日蝕最早的一次記載是在西元前七七六年，比世界任何國家都要早。春秋的時候，我們祖先更發現了彗星，這也是在世界上對彗星最早的發現。所以中國是天文學發展得很早的國家。

關於宇宙的構造，我們祖先也創造了種種理論，主要有蓋天說、宣夜說和渾天說三個學派。

蓋天說是由「天圓地方」的說法發展出來的，主張天像蓋笠，地像棋盤，日月星辰都附著天蓋之上。蓋不停地轉動，因而日月星辰也在轉動。把地球的自轉說成了天蓋的轉動。

宣夜說是古代測定恆星位置的學者們對天體的一種設想。他們認為天沒有一定的形狀，日月星辰是「自然浮生虛空之中」，並不是附著於天體的，這是宣夜說獨到的地方。但到東漢末年，這種見解便已失傳了。

渾天說是西漢中期新興的一種學說，認為天像蛋殼，地像蛋黃，居在天內，日月星辰都在蛋殼上不停地轉動。這個學說把地比作像蛋黃那樣的球體，雖然不十分恰當，但由此可見，

張衡

2,000 多年前，我們祖先已經有地圓的思想，這是很可貴的。

　　有了渾天說，人們就計劃製造渾天儀來觀測星辰。西漢武帝時候的落下閎，大約是第一個著手製造渾天儀的人。宣帝時耿壽昌鑄銅為象，永元十五年賈逵創造了黃道銅儀，也都是渾天儀。

　　這些就是張衡以前中國天文學和儀象製造的大概情況。

　　張衡對中國古代天文學，下過很大的功夫去研究，對各派學說作了分析比較，並且對天象進行實際觀測。到被任命為太史令以後，他更利用這個便利的條件深入研究。經過多年苦心研究的結果，他認為蓋天說站不住腳，渾天說則比較合於實際。這以後，他就以渾天說做基礎，加上他自己觀察天象的心得，發展了原來的渾天說，創造了一套新的、在當時最完備的渾天學說。張衡這種善於接受前人文化遺產而又不受傳統束縛，既有獨創精神而又注意實際觀測的精神，無疑是值得欽佩和學習的。

　　張衡給我們留下了兩部在天文學史上佔有很高地位的著作：一部是《靈憲》，另一部是《渾天儀圖注》。他的渾天學說，主張天是圓的，宇宙是無限的，這是他的獨創的見解。不過他還認為太陽是圍繞著地球不停旋轉的。但他卻找出了太陽運行的規律（實際上是地球圍繞太陽旋轉的規律），並且指出赤道、黃道和北極的地位，因而他也講出了為什麼夏季日長夜短，冬季夜長日短的原因。這是中國天文史上的輝煌成就。

　　以他的渾天學說為基礎，張衡在天文學上作出了一系列創造性的重大貢獻。例如他在《靈憲》這部書裡，說月是「向日

稟（受）光，月光生於日之所照」。這就是說，月亮本來是不會發光的，月光是太陽光照在月亮上的反射。這是完全合於科學的。他對月亮的盈缺也作出了解釋：他說月亮是繞著地球不停旋轉的，當月亮轉到地球和太陽中間的時候，向著地球一面受不到太陽光，而月亮自己又不會發光，因此一片黑暗，我們在地球上也就看不見月亮。這一天就是陰曆每月的初一，叫做「朔」；到陰曆每月的十五或十六，月亮轉到地球另一面了，這時候地球處在太陽和月亮的中間，月亮被太陽光照亮的一面，正好面對著地球，因而在我們面前就出現了圓圓的滿月，這一天叫「望」。

張衡還在《靈憲》這部書裡說明月蝕的道理。他說：「在望月的時候，月光被地球的影子遮住了，這就出現月蝕的現象。」這個解釋基本上也是正確的。

在《靈憲》裡，張衡也談到恆星。他說，常明的星有 124 顆，被命名的有 320 顆，在中原地區可以看見的星共有 2,500 顆，在海外能看見的沒有計算在內。據現代天文學家的計算，到我們肉眼能夠看見的六等星為止，總數約 6,000 顆，而在同一時間同一地方所能見到的星，也不過 2,500 顆左右。可見張衡的觀察是相當精確的。

張衡在天文學上這種創見和發現，在今天看來，雖然並不稀奇，而且還有錯誤的地方，譬如他相信地是天體的中心，日月是星辰繞地運行等等。但在 1,800 多年前科學水準還很低的時候，張衡能有這樣的見解，這就使我們不能不驚異他大膽的創見和卓越的智慧了。以張衡和世界各國同時代天文學家相

比，他也是最傑出的一個。

不僅如此，張衡還根據他的渾天學說，創制了遠遠超過前代的、世界上第一架能比較準確地測定天象的渾天儀。

張衡創製渾天儀成功，是在漢安帝元初四年，那時他四十歲。為了製造這架儀器，張衡費了不少力氣和時間。他經過艱苦的研究和觀察，才設計出一個圖案來。他還先用竹劈削成薄薄的篾片，在篾片上刻了度數，然後該編的編，該圈的圈，再用針線把篾片穿釘了起來，製成一個模型，作為試驗。經過多次試驗和修改，然後用銅鑄成正式儀器。從這裡可以知道張衡除了有敢想、敢於的創造精神以外，又是如何地不避艱苦並且非常細緻地對待科學工作的。

渾天儀是球形的東西，有個鐵軸貫串球心，軸的方向就是地球自轉的方向。軸和球有兩個交點 —— 天球上的北極和南極，北極高出地平 36 度，這就是當時京師洛陽的地理緯度。渾天儀的外圈的圓週一丈四尺六寸一分，各層銅圈上分別刻著赤道、黃道、南北極和二十四個節氣，以及二十八宿和日月星辰。當時已經發現了的天文現象，都在這架儀器上刻劃著表現出來。

為了使渾天儀能夠按照時刻自己轉動，張衡又把渾天儀和一組滴漏壺聯結起來。滴漏壺是我們祖先用來測知時刻的儀器，它用一個特製的器皿盛著水，這器皿下面有小孔，水通過小孔，一滴一滴地流到刻有時刻記號的壺裡去，因而可以由壺裡的水的深淺知道是什麼時刻。張衡把滴漏壺和渾天儀聯在一起，利用壺中滴出來的水的力量，來推動齒輪，齒輪再帶動渾

天儀，一天一轉。這樣，他就使渾天儀上所刻的天文現象，按時刻而自動地呈現出來。人們在屋子裡看渾天儀，就可以知道什麼星已從東方升起，什麼星已到中天，什麼星就要向西方下落等等。這說明張衡除了天文以外，對機械原理也有精到的研究。張衡的這個創造發明，後來經過唐朝的一行和梁令瓚、宋朝的張思訓和蘇頌等的發展，製成了世界上最早的天文鐘。

張衡創製的渾天儀原來放在東漢政府的靈台上，一直保存到魏晉時代。西晉末年發生戰亂，銅儀被移到長安。西元四一八年，劉裕軍隊攻進長安城，獲得了這架儀器，但已經殘缺。此後它就不知下落了。

以後唐、宋和元朝，也都鑄造過渾天儀，基本上和張衡的原作相同，但有所改進。現在陳列在南京紫金山天文台的渾天儀是明朝正統三年欽天監監正皇甫仲和照元朝郭守敬的渾天儀造成的。

世界上的第一台地震儀—地動儀

張衡創製了渾天儀的第四年，即漢安帝建光元年，被調任公車司馬令。公車司馬令的職責是保衛皇帝的宮殿，通達內外奏章，接受全國官吏和百姓的獻貢物品，以及接待各地調京人員等等。把科學家張衡調到這樣的一個職位上，充分說明封建皇帝如何不重視科學，不讓有天才而在學術上有雄心壯志的人，有充分發揮才能的機會。然而，就是在這樣的工作崗位上，張衡還是利用一切可能利用的時間和精力，繼續進行學術

研究。除了天文學以外，他還對數學、物理和機械製造等方面，下了很大的苦功。漢順帝永建元年張衡又被調回到太史令的職位上。在張衡，可能認為太史令的職務對他比較合適，而當時則有一些熱衷於名利的人，由於張衡沒有升官而加以嘲笑。這時候，張衡寫了一篇用《應間》做題目的文章來答覆這種可鄙的嘲笑。在文章裡，張衡表示了他熱愛科學研究的高尚志趣，說他絕不以官職卑小為恥，而以學問不深、知識不廣為羞；表示他無心和那些貪圖名利的人爭長短，而願意和有學問的人做朋友，共同研討學問。

除了渾天儀以外，張衡在世界科學史上另一個不朽的創造發明──地動儀，就是他第二次擔任太史令期間完成的。

據史書的記載，漢朝從西元九十六年到一二五年這三十年期間，有二十三年曾經發生過大地震，尤其是西元一一九年（漢安帝元初六年）發生的兩次大地震，造成了很嚴重的災害。第一次發生在二月間，京師和四十二個郡都受到影響，嚴重的地方土地陷裂，地下湧出洪水來，城郭房屋倒塌，死傷了很多人。第二次是在冬天，地震的範圍也有八個郡，生命財產的損失也不少。當時人們因為缺乏科學知識，對於地震非常懼怕，還以為是神靈在主宰。張衡並不這樣想。他細心研究這個問題，經過長期的努力，終於在他五十五歲的時候，發明了可以測定地震的方向的地動儀──世界上第一架地震儀。

由於封建統治者不重視科學，張衡的地動儀，後來不知在什麼時候毀失了。

為了弄清楚張衡製造地動儀的原理和地動儀的構造，後代

第二章　兩漢科技名家

的科學家曾經加以研究。近年根據《後漢書》中《張衡傳》的記載，運用現代科學知識，終於弄清楚了張衡當時製造地動儀所應用的原理，並據此製造了一個地動儀的木質模型，現在陳列在北京的中國歷史博物館裡。

張衡的地動儀，原來是用青銅製造的，形狀像一個大酒樽，圓徑有八尺。儀器的頂上有凸起的蓋子，儀器的表面刻著篆文、山、龜和鳥獸等花紋。儀器的周圍鑲著八條龍，龍頭是朝東、南、西、北、東北、東南、西北、西南八個方向排列的，每個龍嘴裡都含著一顆銅球。每個龍頭的下方鑄了一個蛤蟆，它對準龍嘴張著嘴巴，像等候吞食物一樣。當地震發生時，那個方向發生了震動，那個方向的龍頭因為受到震動就張開了嘴，把銅球吐出，落到蛤蟆張開的大嘴巴中。銅球落到蛤蟆嘴裡的時候發出了響亮的聲音，人們聽到聲音就可以來檢視地動儀，看哪一個方向龍嘴的銅球吐落了，就可以知道哪一個方向發生了地震。這樣一方面可以記錄下正確的地震材料；同時也可以朝著地震的方向，尋找災區，做一些搶救工作，減少損失。

這一個地動儀非常精確、靈敏。漢順帝永和三年甘肅東南部發生了地震，放在距離震區 1,000 里以外的洛陽的地動儀，就測量出來了，西面龍嘴裡的銅毬果然落到了蛤蟆口中。起初京師的官僚、學者們紛紛議論，認為洛陽絲毫沒有感覺到地震的波動，還懷疑地動儀是否準確；過了幾天，甘肅果然傳來了報告，於是一般人這才信服。

地動儀的內部構造，大體是這樣的：在儀器樽形部分的中

央，豎立著一根很重的銅柱，銅柱底尖、上大，張衡叫它做「都柱」。在都柱的四周圍連接了八根桿子，桿子按四面八方伸出，直接和八個龍頭相銜接。這八根桿子就是今天機械學上所說的「曲橫桿」。

平時地動儀平穩的放著，都柱也垂直豎立在儀器的中央。但因為都柱上粗下細，重心高，支面小，像一個倒立的張衡陵園不倒翁，這樣就極易因受震動 —— 即令是微弱的震動 —— 而傾倒。遇有地震發生，譬如東方發生地震，東面的地殼自然發生波動，震波影響都柱，易於傾倒的都柱自然倒向地殼震動的方向。沉重的都柱向東倒去後，於是推動了東方的橫桿，橫桿推開含有銅球的東面的龍嘴，龍嘴因而吐出了銅球。

近代歐洲人發明的地震儀雖然要比張衡的地動儀精密，它除了能夠測知地震是發生在哪一個方向以外，還能夠測知震動的強弱，並且以曲線把震動的波紋記載下來。但這發明在張衡創製地動儀的一千七百年以後，並且所根據的原理和張衡基本上是相同的。這又使得我們不能不因張衡的卓越成就而感到敬佩。

除了地動儀以外，張衡還創造了另一個氣象學上的儀器，這就是候風儀。以前許多人以為「候風儀」和「地動儀」是一種儀器，據最近科學家的研究，地動儀和候風儀是兩種儀器。

中國的氣象學也是發展得最早的，所以很早就有雨量器和候風儀的發明。關於張衡的候風儀，現在沒有留下什麼記載，我們無從知道它比以前的候風儀究竟有什麼重大的改進和特殊創造的地方。但有一點現在已經明確，就是張衡的候風儀是一

隻銅烏，和地動儀一起設在靈台上面。這和現在西方的風信雞，大約是相類似的東西。但西方的風信雞到十二世紀的時候才有，比張衡的候風銅烏要遲一千年。

張衡在其他各科學術方面也有很大的成就。首先，在機械製造方面，張衡在百姓的勞動生產經驗的基礎上，曾經利用水力推動木片製造成活動日曆，也曾製造過指南車。這些東西現在都已失傳。據科學家的研究，他是運用差動齒輪原理製成的，但實際情況我們無從知道究竟。

在數學上張衡也有卓越貢獻，他寫過一本叫《算罔論》的專門著作。可惜也早已失傳了。但據三國時代劉徽引用《算罔論》中的話，知道張衡當時計算出圓周率是 3.1622。這和今天大家知道的圓周率是 3.1416 雖有距離，但是，張衡在 1,800 年前就能有這樣精密的計算，是不能不使我們驚嘆的。

在地理學方面，張衡曾就他研究的心得，繪出一幅地形圖來，流傳了好幾百年。

這些事實說明了張衡在學術上是一個多方面發展的人物，而張衡之所以能夠在各科學術上都有一定的成就，絕不僅僅是由於他的天才，更重要的，是由於他能刻苦鑽研，肯於調查研究，注重實踐，有實事求是的精神。

反對圖讖的抗爭

張衡還參加了當時尖銳的思想鬥爭，這主要是反「圖讖」的抗爭。

　　「讖」是一種謎語式的預言，原本就是巫師和方士的迷信產物。後來有些讀書人利用陰陽五行的傳說，編造了許多寓言性的讖語，並且附會這些是周公、孔子或其他古聖先賢的話。西漢統治集團就利用它來欺騙百姓，鞏固他們的地位。譬如西漢皇族就曾用這種鬼話說他們是受命於天來統治世間的，王莽也曾用這來證明他是命該做皇帝的。東漢第一個皇帝劉秀也是如此。這些編造和解釋圖讖的無恥政客官僚，為了求得富貴，甚至把統治集團的荒淫無恥、殘害百姓的行為，說成有理有據，來麻醉百姓的反抗情緒。因此，當時的所謂「圖讖之學」不僅是迷信的東西，更重要的它是統治集團壓迫和剝削百姓的理論依據。漢安帝延光二年有人主張利用「圖讖之學」來修改曆法，因而發生了一次大爭辯。在爭辯中，張衡曾經說過：「天之曆數，不可任疑從虛，以非易是。」意思就是說：曆法只能按照自然界的本來情況來編訂，而不能任憑主觀的推測加以歪曲或增減。這是張衡的唯物論思想。反對派被駁倒以後，曆法才沒有被牽強附會地加以修改。

　　張衡也反對用「圖讖之學」作為太學考試的內容。他用考究歷史事實的方法，來證明圖讖決非「聖人」所作，既無效驗，也不足憑信。西元一三三年，他上了一個奏章給皇帝，主張用行政命令來禁絕圖讖。他說：「西漢初年沒有圖讖，圖讖是到西漢後期才有的，怎樣能夠說是『聖人』所作的呢？」他又說：「有些人愛談論圖讖，正好像不會繪畫的人不願意畫狗和馬，而只愛畫鬼；因為鬼沒有人看見過，可以由他亂畫，誰也指不出他的錯處，而狗和馬是大家常見的，畫得不像是不行

的。」

不過，張衡反對圖讖和東漢另一個偉大思想家王充（他著有《論衡》一書）是不同的。王充從唯物論和無神論的觀點出發，從根本上否定這一套鬼話，而張衡則沒有那樣徹底，甚至對陰陽五行的說法，還採取了保留的態度。他雖然反對圖讖，但還是為儒家學說辯護，他怕孔子等「聖人」被妖化了。這是張衡思想上的侷限性的表現。

張衡生活在 1,800 多年以前，到今天還受到廣大百姓所敬仰，這是由於他在科學上作出了巨大的貢獻。他在科學上所以能夠獲得那樣大的成就，這是因為他刻苦鑽研、注重實踐，善於接受前人遺產而又不為傳統所束縛，既有實事求是的科學態度，又有敢想敢做的首創精神。他在天文曆算和機械學上的巨大成就，他對地動儀和渾天儀的創造，都在世界科學史上放著不朽的光芒。

崔寔

崔寔，字子真，一名台，字元始。冀州安平（今河北安平一帶）人。農學家。

崔寔出身於名門高第，世家地主家庭。自其高祖崔朝起，幾代人中，曾有多人任郡太守等二千石以上的官職。祖父崔駰，為東漢著名文學家，與班固、傅毅同時齊名。父親崔瑗，書法家，對天文曆法和京房易傳等術數也有所研究，與扶風馬

融、南陽張衡「特相友好」。做河內汲縣令七年，頗有政績；對農業生產較為重視，一次曾「為人開稻田數百頃」。為人處世不隨流俗，愛交友，俸祿全都花於招待賓客，因此，經濟拮据致使「家無擔石儲」。臨終時，他囑咐家人說：「夫人稟天地之氣以生，及其終也歸精於天，還骨於地。何地不可臧（藏）形骸，勿歸鄉里。」他的言行對崔寔有一定影響。

崔寔青年時代性格內向，愛讀書。成年後，在桓帝時曾兩次被朝廷召拜為議郎。曾與邊韶、延篤等在東觀（皇家圖書館）著作，以及和諸儒博士一起雜定「五經」。他還兩次出任為外官，先是為五原（在今內蒙古自治區河套北部和達爾罕茂明安聯合旗西部地區）太守。在任期間做了兩件好事：五原地方當時比較落後，雖然該地土壤適宜種植麻等纖維作物，但民間卻不知紡織。老百姓冬天沒有衣服穿就睡於草窩中，見地方官吏時則「衣草而出」。崔寔到五原後就「斥賣儲峙（通，蓄積），得二十餘萬，詣雁門、廣武迎織師為作紡、績、織、紝、綀緰之具以教之，民得以免寒苦」。他做的另一件好事是在元嘉、延熹之際，匈奴、烏桓、鮮卑族連年侵擾雲中、朔方，崔寔整敕軍馬，嚴守邊防，保證了一方的安定，使老百姓免遭燒殺擄掠，顛沛流離之苦。由於他在五原的政績卓著，三四年後，又被推薦為帶有邊防重任的遼東太守。在赴任途中，其母病故，「上疏求歸葬行喪」，獲准。以後，升為尚書，由於黨禍，不到一年便被免歸。崔寔為官比較清廉，靈帝建寧三年病死時，《後漢書》說他「家徒四壁立，無以殯斂」。最後還是由一些好友為他備辦棺木葬具。

第二章　兩漢科技名家

《後漢書・崔駰列傳》說：「崔氏世有美才，兼以沉淪典籍，遂為儒家文林。」崔寔是繼崔駰之後崔氏在文林中最享有盛名的一個，和稍晚的蔡邕齊名，號稱崔蔡。他一生「所著碑、論、箋、銘、答、七言、祠文、表、記、書」各類著作凡十類十五篇，其中《政論》為代表作。《政論》全書的完成，大致在作遼東太守之後，主要內容是「論當世便事數十條」，從嚴可均在《全上古三代秦漢三國六朝文》中所輯的《政論》佚文看，具體的內容有提倡節儉，禁止奢僭，反對貪汙壓榨，主張地方官要久任，提高官吏待遇以養廉，以及實行徙民實邊來調整人口與耕地的比例等。當世人對《政論》的評語是「指切時要，言辯而確」。仲長統說：「凡為人主，宜寫一通，置之坐側。」崔寔的另一名著是與農業生產有關的《四民月令》，范曄《後漢書》傳中沒有提到過它的名稱。可能按當時人眼光，它不屬「六藝」範圍，不足以登大雅之堂。從以上崔寔一生的言行來看，他甘守清貧，比較重視農業生產和關心百姓的生活，在當時的世家地主和官員中是不多見的。

崔寔的主要活動時期，幾乎和桓帝朝相始終。這時已是東漢政治經濟的黑暗和破壞時期。地主階級經戰國、秦和西漢，發展到東漢進入了一個新的階段，即出現了累世貴盛的世家地主。世家地主除擁有田園、苑囿外，西漢時少見的塢壁、營壍也出現了，它們就成為世家地主的莊園形式。莊園內聚族而居，宗族首腦、長者稱為「家長」，是莊園內統治的核心。莊園經濟的主要特點為自給自足。如東漢初南陽樊宏家莊園的情況：「子孫朝夕禮敬，常若公家，其營利產業，物無所棄……

乃開至廣田三百餘頃。其所廬舍皆有重堂高閣，陂渠灌注。又池魚牧畜，有求必給。」莊園經濟經過東漢近兩百年的發展，到魏晉南北朝時則達到高峰，形成了世家大族的統治。《四民月令》所反映的正是東漢晚期一個擁有相當數量田產的世族地主莊園，一年十二個月的家庭事務的計畫安排。所謂「四民」是指士、農、工、商，中國在春秋戰國時就出現「四民分業論」；《漢書‧食貨志》：「學以居位曰士，闢土殖穀曰農，作巧成器曰工，通財鬻貨曰商。」關於「月令」這一名稱，除現存《禮記》中有一篇《月令》之外，還有《逸周書》中的一篇《月令》。後者已佚。《禮記‧月令》，有人說為戰國時作品，有人認為是兩漢人雜湊撰集的一部儒家書。它記述每年夏曆十二個月的時令及統治者該執行的祭祀禮儀、職務、法令、禁令等，並把它們歸納在五行相生的系統中。從《四民月令》現存部分材料看，輪廓與內容排列法大體上與《月令》相似。

崔寔在《政論》中感慨地談到「上家」（富戶）有「鉅億之資」，「侔封君之土」；而「下戶」（貧民）則「無所躊足」；又說「農桑勤而利薄，工商逸而入厚」，「一穀不登，則饑餒流死」；「國以民為根，民以穀為命，命盡則根拔，根拔則本顛，此最國家之毒憂」。這些言論說明他具有濃重的農本思想。對農業生產技術他也很關注，在《政論》中就對遼東使用不便的耕犁進行了評論，還介紹了播種器具「三腳耬」：「三犁共一牛，一人將之。下種挽耬，皆取便焉。」崔寔的父親崔瑗豪邁好客，不關心家庭生計，一切都由崔寔母親操持。崔寔年輕時曾幫助母親料理過一些家務，在經營管理中，逐漸學得不少按照時令來安

第二章　兩漢科技名家

排耕織操作時間的知識。崔瑗去世後，崔寔為表示「孝道」和持撐「望族」的架子，不得不竭盡資產，大作排場，把喪葬辦得講究隆重。他把父親埋葬後，家庭經濟更為窘迫，單靠耕織還不夠開銷，於是除了加強屯賤賣貴之外，還利用家中舊有的釀造技術知識，經營釀造酒、醋、醬業，傳記中說他「以酤釀販鬻為業，時人多譏之，寔終不改；亦取足而已，不致盈餘」。崔寔根據多年的親身體驗深刻認識到：農業生產及以農業生產為基礎的工商業經營，都必須考慮農作物的生長季節性，加以合理的妥善安排才可獲得較多收益。因此他把前人和自己母子兩人所積累的新舊經驗，加以總結，按月安排，寫成一本四時經營的「備忘錄」形式的手冊，除供自己隨時參考外，可能還有傳給兒孫們照樣經營施行，以維持「望族」生活的考慮。《四民月令》正月：「陳根可拔」下的本注說：「此周雒京師之法。其冀州遠郡，各以其寒暑早晏，不拘於此也。」這一段話，顯然說明這本書是以洛陽為地方背景的。當為崔寔中年家居洛陽時所寫。

　　《四民月令》的主要內容按現存材料及其出現次序，大致包括：祭祀、家禮、教育以及維持改進家庭和社會上的新舊關係；按照時令氣候，安排耕、種、收穫糧食、油料、蔬菜；養蠶、紡績、織染、漂練、裁製、浣洗、改制等女紅；食品加工及釀造；修治住宅及農田水利工程；收採野生植物，主要是藥材，並配製法藥；保存收藏家中大小各項用具；糶糴；其他雜事，包括「保養衛生」等九個項目。這些內容，顯然不是一般小農經濟的規模，而只能屬於一個擁有相當數量耕地的莊主式

仕宦人家家庭。家主自己經營管理田莊；役用大量勞動力「佃客」、「女紅」（指以績、織、染等為專職的女工）、「典饋」（專管釀造和飲食品）、「蠶妾」（專管養蠶）、「縫人」（專管縫拆洗）等來從事農業與作坊式手工業生產，以及進行屯賤賣貴的商業利潤，以供一家人的生活資料。按士、農、工、商「四民」來說，也就是以農業、小手工業收人為主，商業收入為輔，來維持一個士大夫階級家庭的生活。所以，《四民月令》實為莊園地主的經營手冊。但它每月的農業生產安排，如耕地、催芽、播種、分栽、耘鋤、收穫、儲藏以及果樹林木的經營等，則確屬農業生產知識。

　　《四民月令》現存 2,371 字中，真正與狹義農業操作有關的共 522 字，占總字數的 22%，再加上養蠶、紡績、織染以及食品加工和釀造等項合計也不到 40%。其他如教育、處理社會關係、糶糴買賣、製藥、冠子、納婦和衛生等約占 60%。全書按月安排計畫，其中起決定作用的仍是農業措施與農業操作，一切都是按耕、桑等事項需要來籌劃的，與一般月令書專言時令者不同。因而歷來都把它視為農書，而且是中國古農書中「農家月令書」這一系統最早的代表作。《四民月令》作為農書的意義有下列幾點：一是自西漢《氾勝之書》到後魏《齊民要術》的出現，中間相隔五百多年。這期間，只有《四民月令》一部有關農業生產方面的書籍，所反映的農業技術較之《氾勝之書》有很大進步，儘管有關操作技術記述很簡略，而且散佚不全，不能完全憑藉它來追溯五百多年間農業技術的發展過程，但它終究還能提供一些線索。從其記述可以看出東漢時洛陽地區農

第二章　兩漢科技名家

業生產和農業技術的發展狀況：農業生產占有優勢，蠶桑也很重要，畜牧業僅居於農業的從屬地位，蔬菜以葷腥調味類較多。關於農業生產技術，「別稻」（即水稻移栽）和樹木的壓條繁殖，《四民月令》是最早記載的。至於農業經營，除了反映自給自足的封建經濟的基本方面外，還有利用價格的漲落，進行糧食、絲綿和絲織品以及其他農副產品的買進賣出的商業活動。其次，《四民月令》的體裁，形式上雖與《禮記·月令》大體相像，但內容有很大不同。《禮記·月令》是記述政府——天子和百官每月所履行的禮儀職務，以及天子的起居、飲食、衣服、用具等，即「紀十二月政之所行也」；而《四民月令》則是一部「農家曆」，記述的是一個莊園地主一年十二個月應該進行的農事操作以及手工業和商業經營等事項。再就是《禮記·月令》中有不少陰陽五行的裝點材料。陰陽家出現於戰國時期，其學說到漢代發展為「讖緯」之學，東漢時很為流行。可是偏檢《四民月令》現存文字，只有極少地方抄自《禮記·月令》，如陰陽「宜忌」等，絕大部分農業和手工業操作都只以時令和物候為標準，看不出迷信禁忌的痕跡，而且各月的安排次序上也比較細緻合理。可以說，《四民月令》是從重視「農時」這一傳統思想出發，而借用《月令》體裁寫出的農書。它是農家月令書的創始者，以後像《四時纂要》、《農桑衣食撮要》、《經世民事錄》、《農圃便覽》等都承襲了《四民月令》的體裁，只是內容有發展而已。農家月令書是中國農書的一個特殊體裁，也是一種值得推薦的農書體裁。

　　《四民月令》和《勝之書》一樣主要靠《齊民要術》等書的

引用而得以保存下來部分材料。全書原來面貌如何，現在無從得知。自東漢晚期，經過三國、兩晉、南北朝、隋到唐初，一直在流傳。《隋書‧經籍志》和《舊唐書‧經籍志》、《新唐書‧藝文志》都記載為《四人月令》一卷。這是由於唐代避太宗「李世民」名諱，改寫「民」為「人」字的緣故。《太平御覽》「圖書綱目」中記載為崔《四民月令》，可見此書在宋初還流傳。大概到南、北宋之際，或元代才遺失，所以《宋史‧藝文志》中沒有收錄。清代先後有三個輯本，乾隆時，任兆麟、王謨先後作了兩個輯本，品質都不佳。嘉慶中，以擅長輯佚著稱的嚴可均，根據任、王的輯佚本，蒐集整理，輯成了《四民月令》一卷，作為《全後漢文》卷四十七，和卷四十六輯得的《政論》佚文，都收錄在他的《全上古三代秦漢三國六朝文》中。近代人唐鴻學認為三個輯本以《嚴本》較好，但仍有的地方把注文和正文弄顛倒，並有錯引的文句等。於是，他又以隋代人寫的《玉燭寶典》為主，《嚴本》為輔，編成一個新的輯本。西元一九六二年，中國西北農學院石聲漢教授又在前人基礎上作了《四民月令校注》，並對《四民月令》一書的流傳、體裁和農學意義等作了較深入的研究和分析。

▎魏伯陽

魏伯陽，名翱，號雲牙子。會稽上虞（今浙江上虞）人。生卒年不詳，活躍於東漢桓帝時期，化學家，精通煉丹術。

魏伯陽的生平事蹟未見於正史。據葛洪的《神仙傳》記

第二章　兩漢科技名家

載，「魏伯陽出身高貴，而性好道術，不肯仕宦，閒居養性，時人莫知其所從來」。五代後蜀時，彭曉在《周易參同契分章通真義》一書的序言中說，魏伯陽是東漢會稽上虞人，不知師承誰氏，他「博贍文詞，通諸緯候」，曾以其所撰《周易參同契》「密示青州徐從事，徐乃隱名而注之。至後漢孝桓帝時，公復傳授與同郡淳於叔通，遂行於世」。這說明魏伯陽是生活於東漢桓帝前後的人物，他的弟子有徐從事、淳於叔通（即淳於斟，又名翼）等人。

關於魏伯陽的著述，葛洪在《神仙傳》中說：「伯陽作《參同契》、《五相類》，凡二卷。」但在《抱樸子內篇·遐覽》中卻只記錄了《魏伯陽內經》一卷。後晉開運二年編成的《舊唐書》著錄有魏伯陽撰《周易參同契》兩卷、《周易五相類》一卷。彭曉在《周易參同契分章通真義》中說魏伯陽撰《參同契》三篇，「復作補塞遺脫一篇」。今僅存《周易參同契》一書，卷數視版本而定，或作三卷，或作兩卷，或不分卷而作上、中、下三篇。

煉丹術是化學的原始形式。中國煉丹術大約始自春秋戰國時代。到了漢代，煉丹術在封建帝王和豪強貴族的資助下取得長足的進展，無論在實踐上還是在理論上，都為後世煉丹術的發展奠定了基礎。魏伯陽所撰的《周易參同契》就是世界煉丹史上最早的一部理論著作，歷代煉丹家對此書均很重視，被稱為「萬古丹經王」。

《周易參同契》全書共約六千餘字，基本是用四字一句、五字一句的韻文及少數長短不齊的散文體和離騷體寫成的。該

書「詞韻皆古，奧雅難通」，並採用許多隱語，聽以歷代有很多注本行世，僅《正統道藏》就收入唐宋以後注本十一種。《參同契》是一部用《周易》理論、道家哲學與煉丹術（爐火）三者參合而成的煉丹修仙著作。歷代註釋名家對它的基本內容的理解存在著分歧，有的認為魏伯陽講的是燒煉金丹以求仙藥的外丹說，有的認為魏伯陽主張調和陰陽，講的是靠自身修煉精、氣、神的內養術，即後世所謂的內丹說；有的認為在《參同契》中，外丹說，內丹說二者兼而有之。今人王明認為，「《參同契》之中心理論只是修煉金丹而已」，並斥責內丹、房中、服符、晝夜運動、禱祀鬼神等為徒勞無功的旁門邪道。此說可取。

《周易參同契》中敘述最詳細的部分，也是書中的核心內容，就是煉製「還丹」。原文記載共分三變，第一變是將十五份金屬鉛放在反應器四周，加入六份水銀，再用炭火加熱，便生成鉛汞齊。魏伯陽認為「火」也參加反應，是反應物。所以他說，要用六份炭的炭火微微加熱，鉛與水銀、炭火這三種「物質」相互含受，才能夠發生變化而生成鉛汞齊。第二變是隨著火力的增大，水銀逐漸被蒸發掉，鉛被氧化為一氧化鉛和四氧化三鉛，反應完畢時，主要生成黃丹，即黃芽。第三變是將第二變的產物鉛丹與九份水銀混合、搗細、研勻，再把這種混合藥料置入丹鼎中，密封合縫，務必使其不開裂、不洩氣，然後加熱。先文火後武火，晝夜察看，注意調節溫度，反應完畢，丹鼎上部得到紅色的產物「還丹」。這種「還丹」就是氧化汞。用現代化學知識來解釋，魏伯陽所述「還丹」煉法如下：

$$3Pb + 2O_2 \triangle Pb_3O_4 （黃芽）$$
$$2Pb_3O_4 \rightarrow 500°C\ 6PbO + O^2 （下丹鼎），$$
$$2Hg + O^2 2HgO （上丹鼎）。$$

魏伯陽還在《周易參同契》中說：「河上姹女，靈而最神，得火則飛，不見埃塵。……將欲制之，黃芽為根。」「黃芽」就是鉛丹，「河上姹女」為汞。這句話的意思是，汞易揮發，鉛丹能與汞在高溫下作用，生成不易揮發的氧化汞，因而汞被鉛丹「制服」住了。

魏伯陽在闡述服餌金丹何以能使人長生不老時，採用的是不恰當的類比法，認為黃金既然不朽，還丹又能發生可逆循環變化 $2HgO_2Hg+O^2$，那麼服食黃金和還丹後，就能使人身不朽和返老還童。這種試圖把黃金、還丹的性質直接移植到人體中以求長生的天真想法，在今天看來當然荒謬可笑，但在當時有些人卻深信不疑。

在闡述煉丹術的可能性和合理性時，魏伯陽指出，物質變化是自然界的普遍規律，煉丹過程正如以蘗染黃，煮皮革為膠，用曲藥作酒等等一樣，是「自然之所為」，「非有邪偽道」。他還將陰陽五行學說用於解釋煉丹術現象，認為萬物的產生和變化都是「五行錯王，相據以生」，是陰陽相須，彼此交合，使精氣得以舒發的結果。

魏伯陽不只是囿於陰陽五行學說，他還提出了相類學說。他認為陰陽相對的兩種反應物質還必須同時屬於同一種類，「同類」的物質才能「相變」，「異類」物質之間則不能發生反應。

他說：「欲作服食仙，宜以同類者。……類同者相從，事乖不成寶。」「若藥物非種，名類不同，分劑參差，失其紀綱，雖黃帝臨爐……亦狄和膠補釜，以硇（氯化銨）塗瘡，……愈見乖張。」這就是說，事物的變化是有其內在原因的。這大概是根據煉丹家們一些失敗的教訓而總結出來的。魏伯陽的這個理論雖然遭到葛洪的反對，但到了唐代又得到進一步的發展，因為它畢竟含有一定的合理因素。實際上，魏伯陽的這個相類學說是化學親合力觀念的前身。

魏伯陽還認識到物質起作用時的比例很重要，並已經觀察到胡粉（鹼式碳酸鉛）在高溫下遇炭火可還原為鉛等化學現象。在《周易參同契》中，魏伯陽還記述了昇華裝置（丹鼎），把丹鼎看作一個縮小的宇宙，陰陽變化、萬物終始都在其中。

必須指出，魏伯陽認為修丹與天地造化是同一個道理，易道與丹道是相通的，所以能用《周易》的道理來解釋煉丹的道理，這使本來就比較複雜的煉丹術變得更加神祕，影響了後世煉丹家的哲學思維。此外，魏伯陽主張採用鉛汞作為煉丹的主要原料，所煉得的丹藥是氧化汞之類的毒藥，這就限制了煉丹實驗的範圍，並導致服丹中毒，這實際上阻礙了煉丹術的發展。

張仲景

張仲景，名機。南陽郡涅陽（今河南南陽）人。生活於西

第二章　兩漢科技名家

元二至三世紀間，醫學家。

　　據宋《太平御覽・何頤別傳》記載，張仲景兒童時就很聰穎，成年後拜同郡張伯祖為師學醫，頗有造詣，時人稱讚他的醫術已超越老師。晉皇甫謐《甲乙經序》記載：漢獻帝時，張仲景拜見宮廷官員王仲宣，時仲宣二十餘歲。仲景從氣色形體觀察，認為他有難治疾病，預言二十年後，會發展眉毛脫落，再半年就會死去。如果立即服用五石湯治療，疾病可能好轉。王仲宣不以為然，雖然接受藥物，卻未服用。三日後，仲景復見仲宣，問他是否服藥，答已服。仲景經過診斷，指出他並未按醫囑服藥，對王仲宣說：「君何輕命也！」表示惋惜。二十年後，王仲宣果然眉毛脫落，又過 187 天即死去，與仲景預言相符。後世謂王仲宣所患是痲瘋病，張仲景富於臨床經驗，故預言準確。

　　宋代校正醫書局高保衡等《傷寒論序》中曾提到張仲景「舉孝廉，官至長沙太守」。對於這一記載，自一八二六年日本人平篤胤著《醫宗仲景考》就有不同看法。平篤胤根據《後漢書・劉表傳》等書考證，認為在漢靈帝和漢獻帝在位期間，先後有孫堅、蘇代、張羨、張懌任長沙太守，在這個期間張仲景不可能做過此官，否定了張仲景官長沙太守的說法。但是，一九三六年上海出版的《國醫文獻》創刊號，載文稱張羨即張仲景，理由是「羨」與「景」字義相通，因此認為張仲景曾官長沙太守。但這些都不是結論，張仲景生平中的這一問題，至今仍有爭議。

　　張仲景生活在戰爭頻繁疾病流行的年代。據《後漢書・五

行志》記載，從漢安帝元初六年至獻帝建安二十二年，在不到一百年間，大疫流行十次。當時詩人曹植寫過一篇《說疫氣》的文章，提到建安二十三年，癘氣流行，「家家有殭屍之痛，戶戶有號泣之哀」，魏文帝曹丕在給吳質的一封信中也說到，當時著名的「建安七子」，其中徐幹、陳琳、應瑒、劉楨四人，都是因傳染病死去的。而張仲景也自稱家族兩百多口，從建安初年起，不到十年時間，2/3 死亡，其中因傷寒病死去的占70%，可見疾疫流行的嚴重程度。

當時人們對疾病的認識卻是錯誤的，一些患病之家迷信巫神，總是企圖用禱告驅走病魔。醫生得不到臨床實踐機會，所以很少研究醫術，而終日卻以主要精力結識豪門，追求榮勢，這樣醫學當然很難得到發展。

在這樣的歷史背景下，張仲景深有感觸，決心解決危害百姓的疾病問題。為此，他從閱讀《素問》、《九卷》、《八十一難》、《陰陽大論》等前代古籍入手，在「勤求古訓、博采眾方」的基礎上，經過臨床實踐的驗證，最終寫成《傷寒雜病論》一書。

古代中醫所謂的「傷寒」和現代醫學的「腸傷寒」是完全不同的概念。古代中醫的「傷寒」，是指從發熱起始的急性病（包括某些急性傳染病）的總病名。《素問‧熱論篇》曾說：「今夫熱病者，皆傷寒之類也。」《難經》記載說：「傷寒有五：即中風、傷寒、濕熱、溫病、熱病。」表明古人所指的「傷寒」包括的範圍是很廣的。張仲景《傷寒雜病論》的問世，在很大程度上解決了前述的疾病認識問題，它在病因、病機、疾病的突發轉

第二章　兩漢科技名家

變，以及診斷治療等方面都摸出一套完整的規律，不僅對治療當時發熱性傳染病具有很重要的意義，同時，也為中國後世醫學的發展創造了良好開端。

《傷寒雜病論》原書十六卷，因戰亂關係，書籍曾經散佚，現存張仲景著作是經西晉太醫王叔和整理過的。晉代皇甫謐《甲乙經序》曾稱讚王叔和「撰次仲景，選論甚精」。近人余嘉錫《四庫提要辨正・傷寒論》稱：「以余考之，王叔和似是仲景親授弟子，故編定其師之書。」由弟子整理老師著作，是順理成章的。但是，王叔和整理《傷寒雜病論》時，卻將該書分為《傷寒論》和《金匱玉函要略方》二書，前者論傷寒，後者論雜病。由於漢晉時期，著述仍然以竹木簡牘或帛書為主，保存不易。王叔和整理的張仲景著作，一個時期中又有散亂，至北宋中期校正醫書局委派孫奇、林億等校正醫書，張仲景著作再次重新整理。計整理出《傷寒論》十卷、《金匱玉函經》八卷、《金匱要略方》三卷。上述三書，《金匱玉函經》在北宋以後流傳並不廣泛，研究者很少。其他《傷寒論》和《金匱要略方》則流傳日廣。特別是《傷寒論》在北宋時研究者就開始增多，其主要學術內容最值得重視的有以下幾方面。

首一，《傷寒論》發展了《內經》學說，確立以「六經」作為辨證施治的基礎。六經辨證原是《素問・熱論篇》根據古代陰陽學說在醫學中運用而提出的辨證綱領。所謂「六經」是指太陽、陽明，少陽（三陽）；太陰、少陰、厥陰（三陰）六者而言。這是按照外感發熱病起始後，在發展過程中出現的各種證狀，並結合患者體質強弱的不同，臟腑經絡的生理變化，以及

病勢進退緩急，加以分析綜合得出的對疾病的印象。總之，張仲景六經證治，乃是在當時疾病流行之時，透過醫療實踐總結的一個熱病治療的總規律。

其二，《傷寒論》在辨證論治方面也有重要創造，這就是診斷疾病時，以陰、陽、表、裡、寒、熱、虛、實為綱，通稱「八綱」，八綱中陰、陽為總綱。表、熱、實屬陽；裡、寒，虛屬陰。凡外感疾病，對身體壯實的人來說，多邪從陽化，形成表、熱、實證。而對身體虛弱的人來說，病邪多從陰化，成為裡，寒、虛證。

其三，《傷寒論》在用藥方法上是多種多樣的，可歸納為汗、吐、下、和、溫、清、補、消八種方法。也可說是按照病情用藥時的八個立方原則，通稱「八法」。針對不同病情，汗下，溫清，攻補，消補，也可分別並用。凡寒證用熱藥或熱證用寒藥，為「正治法」。如疾病出現前面所說的「真寒假熱」或「真熱假寒」現象，可採取涼藥溫服，熱藥冷服，或者涼藥中少佐溫藥，溫藥中少佐涼藥，這稱為「反治法」。總之《傷寒論》一書所展現的治療方法是多種多樣的，是依據臨床實際制定治療方案的。有時先表後裡，有時先裡後表，或表裡同治，極為靈活變通。後世總結該書共包括三百九十七法，一百一十三方。其中「扶正祛邪」、「活血化瘀」、「育陰清熱」、「溫中散寒」等治療方法，對後世學者有很大啟發，得到廣泛應用。宋陳振孫《直齋書錄解題》稱：「古今治傷寒者，未有能出其外也。」

第二章　兩漢科技名家

第三章
六朝科技名家（上）

華佗

不怕威脅、不為利誘的醫生

華佗也是一個為中國廣大百姓所尊崇、懷念的名醫。

華佗生於西元二世紀（在東漢和三國間），比扁鵲要遲六七百年。他是沛國（治所在今安徽宿縣西北）譙（今安徽亳州）人。他從小就能刻苦鑽研學問，精通各種經書，尤其喜愛研究醫學和養生的方法。後來他去徐州（州治在今山東郯城西南）遊學，拜名醫做老師，再加上自己不斷的努力，終於獲得了淵博的醫學知識。內科、外科、婦科、小兒科和針灸科等，他樣樣精通，外科醫術尤其高明，因而後世尊稱他為外科的祖師。他醫病的方法很多，而且簡便易行，用藥不過幾種，給病人針灸，取穴也不過幾處，但療效很高，當時的人都稱他為神醫。華陀華佗除了有非常高明的醫術以外，還有不慕名利的可貴品質。沛國相陳王圭曾經推薦他做孝廉，太尉黃琬也曾徵聘他去做官，他都一概拒絕了。他寧願捏著金箍鈴，到處奔跑，為百姓大眾治病。彭城（今江蘇徐州市）、廣陵（今江蘇揚州市）、甘陵（今山東臨清市）、鹽瀆（今江蘇鹽城西北）、東陽（今山東恩縣西北的東陽城）、琅（今山東臨沂市北）一帶，是華佗當時的主要行醫的地方，這一帶的百姓沒有不讚揚他的。到現在，江蘇徐州還有華佗的紀念墓，沛縣也還有華祖廟。

三國時的曹操常常患頭風眩，醫了好久沒有見效，聽說華

佗的醫術高明，就請他醫治。華佗替他紮了一針，頭便不痛了，因此曹操強要華佗當自己的侍醫（私人醫生），供他一個人使喚。華佗既是一個不慕名利的人，當然不願意做曹操的侍醫。他藉口妻子有病，告假回家，不再到曹操那裡去了。曹操忿怒極了，派人到華佗家裡去調查。曹操對派去的人說：如果華佗的妻子果然有病，就送給他小豆四十斛（一斛就是一石）；要是沒有病，就把他逮捕來辦罪。

傳說華佗被逮捕送到曹操那裡以後，曹操仍舊請他治病。他給曹操診斷了以後，對曹操說：丞相的病已經很沉重，不是針灸可以見效的了，我想還是先給你服「麻沸散」，然後剖開頭顱，施行手術，這才能除掉病根。曹操認為華佗有意謀害他，大發脾氣，把華佗關進牢獄裡。後來，華佗就被曹操殺害了。

在被逮捕送往曹操那裡去的路上，華佗還給人治病。被關進牢獄以後，他知道曹操不會放過他的，於是抑制住悲憤的心情，逐字逐句地整理他的三卷醫學著作——《青囊經》，希望把自己的醫術流傳下去。這三卷著作整理好以後，華佗把它交給牢頭，牢頭不敢接受。在極度失望之下，華佗把它擲在火盆裡燒掉。牢頭這時候才覺得可惜，慌忙去搶，只搶出一卷，據說這一卷是關於醫治獸病的記載。

從這裡可以看出華佗是一個有骨氣的人，他具有不怕威脅，不為利誘的高貴品質。

華佗沒有留下專門著作。這是中國醫學的一個重大損失。《中藏經》、《華佗方》等醫書，雖被人認為是他的著作，實際上卻都是後人假托的。

　　華佗的弟子有吳普、李當之、樊阿等人。吳普著有《吳普本草》，李當之著有《本草經》，樊阿精於針灸，在醫學上都有很大的成就。

麻醉術的發明者

　　華佗在醫學上的貢獻很大。華佗最出色的是外科手術。為了施行手術的需要，他總結前人的經驗，利用酒能夠使人麻醉的性能，發明了「麻沸散」。病人用酒服麻沸散後，便會完全失去知覺，剖腹割背也不會感到痛苦。華佗除用手術來治外科病以外，還常用外科手術來醫治內臟的疾病。華佗能把內臟的病變部分割掉，或者加以洗滌。動了手術以後，傷口用絲線縫合，敷上特別配製的藥膏，據說四五天後便可以癒合，一個月左右便可以平復。

　　麻沸散的配製方法，早已失傳，後人雖有種種推想，但都不可靠。不過，華佗在一千七百年前已經能用麻醉法來進行外科手術，則是毫無疑義的。這是他對中國醫學上的一個卓越的貢獻。

外科絕技

　　關於華佗的高明的外科手術，流傳下來許許多多的故事。

　　據說有一次，華佗家裡送來了一個肚子痛得十分厲害的病人。華佗按了病人的脈搏，再按了他的肚子以後，斷定這個人患的是腸癰（就是盲腸炎）。華佗認為針灸已經遲了，非開刀

不可。於是他就給病人服了麻沸散，並施行了剖腹手術，割去潰爛的盲腸，然後再用絲線紮好，敷上藥膏。經過華佗的手術以後，這人的病就完全好了，不久傷口也結上了疤，一個多月以後就能幹活了。

又有一次，一個孕婦請華佗看病，華佗診斷這婦人是受了傷，但胎兒還未落下來。婦人的丈夫知道自己妻子受了傷以後，胎兒已經落下來了，認為華佗的診斷不太正確，不要華佗給她治療。過了一百天左右，這婦人又來找華佗了。華佗診察了以後，仍舊斷定胎兒沒有下來，並且說，她原來懷的是雙胞胎，上次落下了一個胎兒，失血過多，身體大大虧損，因而留在肚子裡的胎兒也不能生長了。華佗還斷定這胎兒已經死了，要是不把這個已死的胎兒弄下來，產婦就活不成了。於是華佗先給產婦扎針和服藥，服藥以後，產婦雖然肚子很痛，但胎兒還是下不來。於是華佗請另外一個婦人給這個孕婦按摩，果然取下一個死胎。

還有一個病人，肚子的中段痛了十多天，鬍子和眉毛都因而脫落了，來請華佗診治。華佗認為是脾臟腐爛，應該剖腹割治。經過華佗把他內臟的腐爛部分割掉，敷上藥膏，並給他服了湯藥，一百天以後，這人也恢復了健康。

小說《三國演義》裡還有華佗替關羽「刮骨療毒」的故事。據說關羽鎮守襄陽（今湖北襄陽縣）的時候，在戰場上中了毒箭，臂膀紅腫，請華佗醫治。華佗建議關羽服麻沸散後再動手術，關羽認為不必服麻沸散。於是華佗把關羽的手臂縛在木架上，用刀割去腐爛的皮肉，一直刮到骨頭上，關羽卻一面下棋

飲酒，談笑自如。經過華佗手術以後，關羽才沒有喪命。這事雖然不見於史書，但《襄陽府志》裡卻有這段記載。

　　華佗給人治病總是靈活地根據病人的實際情況，找出病源，然後決定療法，絕不為表面的現象所迷惑，也絕不生搬硬套。例如，有兩人都頭痛發熱，一同來請華佗治病。一個叫倪尋，一個叫李延。華佗細細診察了他們的病情以後，知道兩人的病象雖然相像，但致病的原因不同，於是給倪尋吃瀉藥，而給李延吃發散的藥。當時有人問華佗說，他們兩人患同樣的毛病，為什麼給他們服不同的藥品？華佗就告訴他，倪尋是傷食（吃東西太多而生的病），李延是外感（受冷感冒），病狀相同而病源不同，所以給他們吃的藥也就不同。倪尋和李延服藥以後，到了第二天，病都好了。

　　華佗還能用心理療法來醫治疾病。相傳有一個郡守病了，請華佗給他醫治。華佗診斷出他的病不是一般藥物可以醫治的，而只有在大怒之下才可痊癒。因此，華佗不給他開藥方，反而向他索取了很多的診金，並且大擺架子。幾天以後，華佗偷偷地走開，留下一封信，信裡把郡守大罵一通。果然不出華佗所料，郡守因為他的這種無禮舉動大為憤怒，派人追捕，要把華佗殺掉。郡守的兒子知道內情，故意阻止。這使郡守越發激怒。盛怒之下，郡守吐了一攤黑血，病也就好了。這個傳說雖然不一定可靠，但無疑是對華佗靈活運用心理療法醫治疾病的讚揚。

　　傳說華佗還用冷水浴來給人治病。有個婦人患寒熱病，經年不能痊癒，去找華佗給她醫治。當時正是十一月裡，天氣非

常寒冷，華佗叫她坐在石槽裡，用冷水澆灌，然後用火來使她溫暖，並且用厚被把她蒙蓋起來。這婦人出汗以後，病果然痊癒了。

華佗也很善於用民間單方來治病。據說有一次華佗在路上遇著一個因咽喉阻塞吃不下東西而呻吟著的病人。華佗告訴他可以向路旁賣餅的人買三兩蒜薑和三升酸醋，調好後吃下去，病就可以治好。病人依照他的話做了，不一會就吐出一條蟲來，病也就完全好了。

「五禽之戲」和華佗的成就

華佗除了有很高明的醫術以外，還是醫療體育的創始人。他繼承並且發揚了中國古代「聖人不治已病，治未病」的傳統思想，否定了方士可以使人長生不老的鬼話，批評了單純的醫療觀點。他認為每個人都應該進行體育鍛鍊，來增強體質、預防疾病，以達到延年益壽的目的。這是華佗對人們健康的另一貢獻。

華佗常用「戶樞不蠹，流水不腐」這兩句話來說明他的這種思想。這意思是說：譬如門上的轉軸，由於天天轉動，所以不致於被蟲蛀壞；流著的水，也因為經常在運動，所以不會腐敗發臭。根據這個原則，華佗創造出一種叫做「五禽之戲」的體育活動來。

所謂五禽，就是虎、鹿、熊、猿、鳥。華佗把虎的撲動前肢、鹿的伸轉頭頸、熊的臥倒身子、猿的腳尖縱跳、鳥的張翅

飛翔等動作，聯結起來，編成一整套使全身肌肉和關節都得到舒展的體操。他的弟子吳普和樊阿用這方法來鍛鍊身體，增強了體質。吳普到九十多歲時，聽覺和視覺都很好，牙齒也很堅固；樊阿活到一百多歲，身體也很健康。華佗把這套鍛鍊身體的方法，到處推廣，使很多的人受到好處。

華佗在一千七百年前就創造了這樣一套合乎科學的醫療體育和鍛鍊身體的方法，是他留給我們的寶貴遺產。

華佗在醫學上所以能夠獲得這樣巨大的成就，除了他的刻苦鑽研、虛心學習以外，同時也由於他能勇於打破迷信、不受傳統的束縛而又能接受前人有用的遺產，由於他能重視百姓大眾寶貴的經驗。

用湯藥和針灸等方法治不好的內臟病症，便用外科手術來治療，這是華佗的重大貢獻。但這種治療方法在當時卻受到醫學界有守舊思想的人的攻擊，他們認為用剖割手術會使人的元氣大受損傷，經過剖割手術的人，即使不死，也活不長久。這些人的攻擊並沒有使華佗畏縮不前，他為了替人們解除痛苦，毅然決然地繼續鑽研並利用外科手術來治病，以事實來回答這種攻擊。結果，華佗博得了廣大百姓的信任，把中國醫學向前推進了一步。

五禽之戲是華佗批判地接受前人遺產的好例子。從秦朝以來，迷信修仙的人講究「導引」，這就是模仿動物的動作，活動全身，以求長生不老的方法。華佗拋棄了其中的迷信部分，而吸收了合理的部分，並且加以發展和系統化，因而創造了這一套合乎科學的鍛鍊身體的方法。

　　上面說到華佗用蒜薑和醋這個民間單方來醫治寄生蟲病，是他重視百姓大眾寶貴醫療經驗的證明。華佗一生遊歷了不少地方，到處採集草藥並且向老百姓請教，他把所獲得的豐富知識加以總結和提高，並因病人的特殊情況而決定醫治方法和用藥的份量，所以能夠得到很好的醫療效果。相傳有一個樵夫在深山裡迷了路，肚子很餓，看見有個隱士在采黃芝吃，他也采了幾枚，吃了很耐餓。樵夫回家後把這事告訴華佗，華佗就上山去採集，經過實驗證明黃芝有很高的營養價值。華佗就用黃芝來配入藥方，作為強壯劑。這也是一個很好的例子。

　　華佗替人治病也是處處從實際需求出發的。東漢末年是一個軍閥混戰的時代，安徽、山東、江蘇一帶，戰事尤其頻繁。在戰爭中被殺傷的人很多，對於外科的需要自然是很迫切的，華佗因此特別努力於外科醫學的鑽研，他發明麻醉法和能掌握非常高明的外科手術，都與這種實際需求有關。

▌馬鈞

　　馬鈞，字德衡。三國時曹魏人。生於扶風（今陝西興平東南），生卒年不詳，機械學家。

　　馬鈞少年遊樂，未認識到自己的才華。當博士時，生活貧困，於是改進綾機，並因此而出名。後來，在魏朝擔任給事中，同時研製機械。他雖然一生不太得志，但刻苦鑽研，設計製造出多種機械。

第三章　六朝科技名家（上）

　　綾是一種表面光潔的提花絲織品。在曹魏時的舊織綾機上，為了織出複雜、精美的花紋圖案，經線要分成幾十組，每組經線由一「綜」控制，每一「綜」由一「躡」操縱，因此，五十綜需要五十躡，六十綜需要六十躡。綜控制著經線的分組、上下開合，以便梭子來回穿織；躡是踏具。考慮到舊綾機「喪功費時」，即勞動強度高、效率低，馬鈞重新設計，把幾十綜的綾機，一律改為十二躡，從而簡化了操作工序，降低了勞動強度，提高了生產效率。這種高效的新式綾機傳播到其他地區，被廣泛採用，促進了中國紡織業的發展。

　　指南車最晚在西漢時已出現，東漢時張衡再次製造，三國時已失傳。馬鈞擔任給事中時，一天在朝房裡，與散騎常侍高堂隆、驍騎將軍秦朗辯論，談到了指南車。高、秦認為，古書上關於指南車的記載是虛構的。馬鈞則堅信古代有指南車，只要肯鑽研，是可以造出來的。但他遭到了高、秦的譏笑和挖苦。馬鈞反駁說，空口爭論，不如試製一下容易分清是非。於是，高、秦奏請魏明帝，下詔命馬鈞造指南車。經過鑽研，他果然製造成功，以實際成果結束了這場爭論。從此，全國都信服他的智巧。

　　據《後漢書‧張讓傳》記載，東漢中平三年，畢嵐曾製造翻車，用於取河水灑路。馬鈞在京城洛陽任職時，城內有地，可闢為園。為了能灌溉，他製造了翻車（即龍骨水車）。清代麟慶所著的《河工器具圖說》記載了翻車的構造：車身用三塊板拼成矩形長槽，槽兩端各架一鏈輪，以龍骨葉板作鏈條，穿過長槽；車身斜置在水邊，下鏈輪和長槽的一部分浸入水中，

在岸上的鏈輪為主動輪;主動輪的軸較長,兩端各帶拐木四根;人靠在架上,踏動拐木,驅動上鏈輪,葉板沿槽刮水上升,到槽端將水排出,再沿長槽上方返回水中。如此循環,連續把水送到岸上。馬鈞所製的翻車,輕快省力,可讓兒童運轉,「其巧百倍於常」,即比當時其他提水工具強好多倍,因此,受到社會上的歡迎,被廣泛應用。直到二十世紀,中國有些地區仍使用翻車提水。

造翻車之後,有人進獻一種「百戲」模型給魏明帝,造型精美,但不能活動。明帝問馬鈞,能否使它活動起來,並變得更精巧?馬鈞回答說,可以。於是,馬鈞奉詔改進「百戲」。他用木材製成水輪,以水力驅動旋轉,透過傳動機構,使女樂表演歌樂舞蹈,木人擊鼓吹簫;又出現山岳模型,木人在其間跳丸擲劍,攀繩倒立,出入自在;另有百官行署,舂磨鬥雞,動作複雜,靈活多變。「水轉百戲」的製作再次展示了馬鈞在機械傳動設計與製造方面的才能。

馬鈞還善於製造兵器。諸葛亮出師伐魏時使用了一種連弩,可以連續發射十箭。對此,魏軍頗為驚奇。馬鈞則認為它雖然精巧,但未盡善,聲稱若經過他的改進,功效可提高五倍。三國時官渡之戰,曹操曾使用「發石車」攻擊袁紹的陣地,但只能單發,效率不高。馬鈞擔心敵方在城樓上掛起溼牛皮,就能擋住發石車拋出的石頭。於是他打算製造一種大輪,輪上繫著數十塊大石頭,以機械驅動大輪急速旋轉,然後切斷繫石的繩索,石頭便連續飛擊城樓,使敵方來不及防禦。他曾在車輪上繫數十塊磚,進行試驗,結果磚可飛數百步,證明自

己的設計可行。然而，這種設計卻遭到地圖學家裴秀的譏笑和發難，但得到文學家傅玄的理解和支持。傅玄對安鄉侯曹羲說，馬先生要製造的是國家之精器、軍隊之要用，只要花費一點木材，用兩個人，就能製造，不妨試驗一下，免得埋沒有用的東西。曹羲接受了這個建議，並把情況轉告給武安侯曹爽。但曹爽未予理睬。對此，傅玄感慨地說，試驗一下，本來是極易辦到的事，馬先生是有名的巧人，尚且不受重視，何況那些懷才的無名之輩呢？

馬鈞善於巧思，注重實踐，對技術問題有自信心，但不擅長辭令。

劉徽

劉徽，淄鄉（今山東鄒平）人。生卒年不詳，活動於西元三世紀，數學家。

劉徽自述「幼習《九章》，長再詳覽，觀陰陽之割裂，總算術之根源，探賾之暇，遂悟其意，是以敢竭頑魯，采其所見，為之作注」。《晉書》、《隋書》之「律曆志」稱「魏陳留王景元四年劉徽注《九章》」。《九章算術注》原十卷，第十卷「重差」為劉徽自撰自注，大約在南北朝後期單行，因其第一問為測望海島之高、遠，遂稱為《海島算經》。唐李淳風編纂《算經十書》，劉、李注《九章算術》與《海島算經》《九章算術》圓田術及劉徽注書影並列為其中的兩部。劉徽又著《九章重差圖》

一卷，已失傳。劉徽在北宋大觀三年被封為淄鄉男。同時所封六十餘人，多依其裡貫。據《漢書》「地理志」、「王子侯表」以及北宋王存《元豐九域志》所載資料考證，淄鄉在今山東省鄒平縣境，漢淄鄉侯為文帝子梁王劉武之後。

《九章算術》及劉徽前的中國數學

劉徽登上數學舞台時，面對著一分堪稱豐厚而又有嚴重缺陷的數學遺產。其基本情況是：世界上當時最先進的十進位值制記數法和計算工具算籌在中國使用已千年左右，算籌的截面已由圓變方，長度縮短為八到九釐米，籌算四則運算法則已確立。西漢張蒼、耿壽昌在先秦遺文基礎上刪補而成的《九章算術》集先秦到西漢中國數學知識之大成，並在東漢成為官方製造法定度量衡器所依據的數學經典。《九章算術》包括方田、粟米、衰分、少廣、商功、均輸、盈不足、方程、勾股九部分內容，奠定了中國古代數學的基本框架；提出了近百個一般性公式、算法，確立了以計算為中心的特點；含有 246 個應用題，展現了數學密切連繫實際的風格；確定了中國古代數學著作算法統率應用問題的基本形式。它提出了完整的分數四則運算法則，比例和比例分配法則，開平方、開立方法則，盈不足術，方程術（即線性方程組解法），正負數加減法則，若干面積、體積公式及解勾股形公式，除個別失誤外，都是正確的，許多成就處於當時世界領先地位。《九章算術》之後，中國數學著述採取兩種形式，一是為《九章算術》作注，一是以《九章算術》為楷模編纂新的著作。但是，《九章算術》只有術文、

第三章　六朝科技名家（上）

例題和答案，沒有任何證明。漢魏時期，許多學者如馬續、張衡、鄭玄、劉洪、徐岳、闞澤等都研究過《九章算術》，他們的著作失傳，但由劉徽《九章算術注》中「采其所見」者，可以了解其大概。數學家們力圖改進圓周率值，成績卻不理想，如張衡求得 $\pi=\sqrt{10}$，可見並未找到求圓周率的正確方法。人們廣泛使用出入相補方法證明幾何問題。對平面圖形，後人稱作圖驗法，在直線形中，它是可靠的，但在曲線形中，卻不能真正完成證明。對立體圖形，後人稱作棊驗法。劉徽說：「說算者乃立棊三品，以效高深之積。」三品即長、寬、高均一尺的立方、塹堵（斜解立方得兩塹堵）、陽馬（即直角四棱錐，斜解塹堵得一陽馬，及一鱉臑，即各面均為勾股形的四面體）。一般說來，驗法只可用來驗證標準形立體（即可分解或拼合成三品者）的體積公式，對一般情形則無能為力。人們在論證圓錐、圓亭、球等體積公式時，採用比較其底面積的方法。這是祖晅原理的最初階段。齊同原理在數學計算中已經使用。總之，人們儘管在論證《九章算術》公式的正確性上作了可貴的努力，為劉徽采其所見準備了豐富的資料，但這些方法多屬歸納論證，對《九章算術》大多難度較大的算法尚未給出嚴格證明，它的某些錯誤沒有被指出。劉徽之前的數學水準沒有在《九章算術》的基礎上推進多少，這就給劉徽「探賾之暇，遂悟其意」，留下了馳騁的天地。自然，他的業績主要在數學理論方面。

枝條雖分而同本幹—劉徽的數學體系

劉徽的數學知識分散在《九章算術》中，好像雜亂無章，前後失次，實際上並不然。他說：「事類相推，各有攸歸，故枝條雖分而同本幹知，發其一端而已。」這個端是什麼呢？劉徽在談到數學研究並不特別困難時說：「至於以法相傳，亦猶規矩度量可得而共。」規、矩分別是畫圓、畫方的工具，表示事物的空間形式，度量指度、量、衡，表示事物的數量關係。劉徽的話表明他認為數學方法來源於空間形式和數量關係的統一，這正反映了中國古算的特色 —— 幾何與算術、代數的統一。對《九章算術》的解法進行論證是劉徽注的主題。上文所列出的論證所使用的推理都是演繹推理，因而其論證是演繹證明。事實上，整個劉徽注固然使用了大量類比與歸納推理，但在數學命題的論證上主要使用了演繹推理。據分析，劉徽注中包含了三段論、關係推理、連鎖推理、假言推理、選言推理以及二難推理等演繹推理形式。劉徽推理的前提是由公認的事實抽象出來的原理及已經證明的公式，解法。當然，還必須提出許多數學定義。在中國，數學定義最初出現在先秦《墨經》中。《九章算術》卻沒有任何定義。劉徽繼承墨家傳統，提出了若干定義，如方程。「方」的本義是並船，許慎《說文解字》：「方，並船也」，亦訓並。「程，課程也」，考核其標準。方程的本意是並而程之。細言之，是將一組物的各種數量關係並列起來考察諸物的標準。劉徽說：「群物總雜，各列有數，總言其實。令每行為率，二物者再程，三物者三程，皆如物數程之，並列為行，故謂之方程。」顯然是一個符合方程本義的發生性

第三章　六朝科技名家（上）

定義。劉徽關於正負數的定義：「兩算得失相反，要令正負以名之。」它表明，正負是互相依存的，不再是以盈為正，以欠為負的樸素描述。根據這個定義，方程中各行係數的正負可根據消元的方便而定：「可得使頭位常相與異名。」面積的定義：「凡廣從相乘謂之冪。」由這個定義，可以計算曲面的面積，並且可以把與面積無關的兩數相乘問題化成面積問題解決。劉徽沒寫出體積的定義，但遍察《九章算術》，劉徽沒寫注的只有五十三問的術文，其中五十二間（分別在卷二、三、八）或已注過總術，或已注過同類術，根據簡約的原則，不必再注。餘下沒作注的便只有商功章方堡土壽（方柱體）體積公式。這不是劉徽的疏漏，而是把它看成不能證明的真理，因此可以理解為定義。劉徽著力探討《九章算術》各公式、解法，以至數學各部分之間的關係。以體積問題為例。《九章算術》以驗法為主要方法，其正確性是歸納的結果。劉徽則不然，他在用無窮小分割完成陽馬與鱉臑需的體積公式證明之後指出：「不有鱉月需，無以審陽馬之數，不有陽馬，無以知錐亭之類，功實之主也。」他將方錐、方亭、芻甍、芻童、羨除等多面體分割成長方體、塹堵、陽馬、鱉月需，以證明其體積公式。劉徽的多面體理論是從長方體出發，以四面體體積公式的證明為核心，以演繹推理為主的理論體系。劉徽的其他理論都可作類似分析。總之，數學在劉徽的頭腦中形成了一個獨具特色的體系。它從規矩度量的統一出發，引出面積、體積、率、正負數的定義，運用齊同原理、出入相補原理、無窮小分割方法，以演繹邏輯為主要推理方法，以計算為中心，以率為綱紀。它「約而

能周，通而不黷」，並且沒有任何循環推理，全面地反映了到西元三世紀為止的中國人的數學知識。劉徽《九章算術注》不僅有概念，有命題，而且有聯結這些概念和命題的邏輯推理。它的出現代表著中國古代數學形成了自己的理論體系。

▌陸機

陸機，字元恪。三國時吳國吳郡（今江蘇吳縣）人。生卒年不詳，博物學家。

陸機，一作陸璣，以別於同時同郡的文學家陸機（字士衡）。其實，文學家陸機在吳亡後入晉，應為西晉時人。以博物著稱的陸機，因正史無傳，且缺乏史籍記載，其生平活動，尤其是他的生卒年，很難考訂。從唯一可資憑說的《毛詩草木鳥獸蟲魚疏》中也只能得到點滴訊息，覓得少量線索。

據《毛詩草木鳥獸蟲魚疏》的作者題署，知道陸機是三國時吳郡人，做過太子中庶子，官至烏程令。他出身於江南吳郡世族。孫吳政權是靠南北世家大族支撐起來的。吳郡的顧、陸、朱、張在孫吳政權中佔有重要地位，特別是在孫權統治時期，孫權與顧、陸聯姻，更加深化了這種政治依賴性。顧雍掌管朝廷政權，陸遜掌管吳國兵漢，朱治為吳郡太守。這時，孫氏子弟及顧、陸、朱、張四姓子弟做大小官吏者數以千計。而且每過幾年，就有幾百人被送到中央去做官。陸機可能是在這個時期做吳太子中庶子，出任烏程令的。

第三章　六朝科技名家（上）

　　據該書看來，陸機對北方的動植物頗為熟悉，也了解北方某些地方的俚語、方俗，書中所提到的地名，也多屬長江以北、黃河流域中下游地區。可以推斷他在早年曾遊學於北方，到過北方很多地方。

　　陸機是否從師鄭玄，由於史料缺乏，不便妄測。但可肯定的是，東漢末年，北海（今山東）鄭玄雜糅今古文經學，以其門徒多、著述富，成為當時「天下所宗」的儒學。陸機即使不是鄭玄的入室弟子，至少也是深受鄭學影響的儒者。

　　《詩經》是儒家經典之一。《詩經》中的動植物多為春秋以前長江以北、黃河流域中下游地區的動植物，名稱古老。戰國以來，釋《詩》者往往以一物之別名來解釋《詩》中的動植物古名。如果學《詩》者不了解「別名」所指為何物，則《詩》中之動植物名仍令人費解。陸機治詩，師承鄭學，訓詁名物，不僅參考前人著述達三十種，吸取當代《本草》中動植物知識的新成果，更為重要的是，他根據自己在北方的實地考查所得的「活材料」，運用寫實和比喻（同類事物的類比）的方法，生動具體地解釋《詩》中的動植物古名，把它置於科學認識的基點上（不僅僅是文字訓詁），形成自己獨特的風格，大大地超越了前人註釋的水準，在古代生物學史上做出了特殊的貢獻。

　　其一，陸機治詩，將動植物知識分列出來單獨成冊，著成《毛詩草木鳥獸蟲魚疏》，這本身就是史無前例的創舉。而且，由於它的出現，使古典博物學開始從儒家經典注疏中分出一支。

　　《毛詩草木鳥獸蟲魚疏》分上、下兩卷，上卷為植物部分，

計有草本植物六十種，木本植物四十七種；下卷為動物部分，其中鳥類二十七種，獸類十二種，蟲類二十四種（內有鼠類、兩棲類），魚類十一種（含獸類、貝類）。該書對動植物形態（種類辨別）、生態（習性）、地理分布，以及栽培、馴化和利用，具有一定深度的認識，類似於近代的「自然歷史」。

其二，陸機對動植物的形態描述詳實，突出動植物的形態特徵，可據之以辨別其種屬。

其三，陸機在該書中不僅記載了動植物的生長地和棲息地，而且特別著重記載了動物的種群生態現象。

總之，陸機對動植物的觀察和描述，堅持了實事求是的原則。古代人們都以麒麟（簡稱麟）為瑞獸，陸機根據「并州界（今山西中條山一帶）有麟，大小如鹿」的形態特徵，斷認為并州的麟，「非瑞應麟」。因此，《毛詩草木鳥獸蟲魚疏》具有一定的科學水準。但是另方面，陸機畢竟運用的是直觀描述的方法，因此也存在一些不足之處。例如對「螟蛉有子，果蠃負之」的寄生現象視之為神祕。又說「桐有青桐、白桐、赤桐，宜琴瑟」，實則只有白桐（泡桐）才能製琴瑟等樂器。至於「雲南、樣牁人績以為布」，也非陸機所說的桐。對「騶虞」的註釋也帶有迷信色彩。

儘管如此，《毛詩草木鳥獸蟲魚疏》不失為一部古典博物學著作，而陸機在研治經學的過程中獨闢蹊徑，使生物學從經學中分列出來成為一個分支，從而在中國古代傳統經學中造成啟迪後人的歷史作用，在學術上產生良好的反響。東晉郭璞注《爾雅》中的動植物名，便大量引用陸機的著述。東魏農學家

賈思勰《齊民要術》中也曾援引。北宋陸佃《埤雅》、南宋羅願《爾雅翼》莫不以陸機《詩疏》為其範本。

第四章
六朝科技名家（下）

郭璞

郭璞，字景純。河東聞喜（今山西聞喜）人。博物學家。

郭璞博學多才，一生不僅寫了許多優美的文學作品，而且做了大量的註解古籍工作，為後人留下了豐富的文化遺產。他所註解的古籍有《山海經》、《穆天子傳》、《爾雅》、《楚辭》、《三蒼》和《方言》等等。這些古籍中，都包含有豐富的動植物知識。郭璞對這些古代典籍，尤其是《爾雅》的註解，對中國古代動植物學的發展，有著一定的影響。

《爾雅》是中國古代最早一部解釋語詞的著作。它大約是秦漢間的學者，綴輯春秋戰國秦漢諸書舊文，遞相增益而成的。全書十九篇，其中最後七篇分別是：《釋草》、《釋木》、《釋蟲》、《釋魚》、《釋鳥》、《釋獸》和《釋畜》。這七篇不僅著錄了五百九十多種動植物及其名稱，而且還根據它們的形態特徵，納入一定的分類系統中。《爾雅》保存了中國古代早期的豐富的生物學知識，是後人學習和研究動植物的重要著作。據史書記載，東漢初，竇攸由於「能據《爾雅》辨豸鼠」，所以漢光武帝獎賞給他百匹帛，並要群臣子弟，跟從竇攸學習《爾雅》。郭璞更是把《爾雅》視為學習和研究動植物，了解大自然的入門書。他說：「若乃可以博物不惑多識於鳥獸草木之名者，莫近於《爾雅》。」但是，《爾雅》成書較早，文字古樸，加上長期輾轉流傳，文字難免脫落有誤，早在漢代就已經有不少內容，不易被人看懂。因此，在郭璞之前已經有犍為文學，

劉歆、樊光、李巡、孫炎等人，為《爾雅》作注。郭璞從小就對《爾雅》感興趣。他認為舊注「猶未詳備，並多紛謬，有所漏略」，於是「綴集異聞，會粹舊說，考方國之語，采謠俗之志」，並參考樊光、孫炎等舊注，對《爾雅》作了新的註解。

郭璞研究和註解《爾雅》歷時十八年之久，對《爾雅》所載之動物和植物進行了許多研究。首先他以晉代通行，或當時某地方言的動植物名稱，解釋古老的動植物名稱。例如，《爾雅·釋鳥》載：「屍鳥鳩，鵲褐」，郭璞注曰：「今之布穀也。江東呼為獲穀。」《爾雅·釋木》：「木舀，山木夏。」郭璞注曰：「今之山楸也。」這類註解，從表面上看似乎很簡單，只是以名詞解釋名詞。而實際上卻沒有那麼容易，它需要豐富的訓詁知識和實際經驗。另外，這類註解雖然只是名詞解釋名詞，但實際上它是將古老的動植物名稱和當時為一般群眾所認識的動植物結合起來，從而使古老的名稱具有以當代一定實物為基礎的含義。例如，《爾雅·釋蟲》中有「國貉，蟲」的記載。如果不看註解，人們很難理解「國貉蟲」的含義。郭璞注云：「蜜」，「今呼蛹蟲」，並引證《廣雅》云：「土蛹，蟲也。」所謂蛹蟲，就是指寄生於蠶蛹體內的蠶蛆蠅幼蟲。郭璞的註解，將古老的「國貉」、「蟲蜜」等動物名稱和當時養蠶生產上廣泛存在的蠶蛆蠅幼蟲連繫起來。郭璞《注》中，經常出現「今言」，「俗言」、「今江東」等提法，僅《釋草》中就出現五十多次，這說明郭璞對《爾雅》的研究，是與現實緊密相聯的。由於能由今通古，所以他的註解，無形中復活了許多古老動植物名稱。

郭璞豐富和發展了《爾雅》對各種動植物的具體描述。郭

璞是山西人，因戰亂逃至江南，並經常往來於長江中下游，所以他對許多地方的動植物，都有所了解。他註解《爾雅》，不僅引經據典，解釋各種動物和植物的通名和別名，而且根據自己從實際中獲得的知識，對多種動物或植物的形態、生態特徵，進行了具體的描述。例如鱤魚，《爾雅·釋魚》僅記其名為「鱤」，無它釋。但郭璞則作了進一步的描述：「鱤，大魚，似鱒而短鼻，口在頷下，體有邪形甲，無鱗，肉黃，大者長二、三丈，今江東呼為黃魚。」這裡郭璞很逼真地描述了鱤魚的形態特徵。《爾雅·釋蟲》「蠰，齧桑」，郭注云：「齧桑，似天牛，長角，體有白點，喜齧桑樹，作孔入其中，江東呼為齧發。」這裡將桑樹害蟲桑天牛的形態和習性作了描述。又如對《爾雅·釋木》中提到的「白木妥」（即扁核木），郭璞《注》云：「木妥，小木，叢生，有刺。實如耳王當，紫赤，可啖。」對「活莌」（即通脫木）郭璞《注》說：此「草生江南，高丈許，大葉，莖中有瓤，正白」。這些描述，雖然還很粗糙，但它不僅大大發展了《爾雅》的分類描述，而且對後來的動植物分類研究，也有著深遠的影響。

郭璞開創了動植物分類研究的圖示法。據《爾雅注·序》記載，郭璞不僅為《爾雅》作文字註解，還為《爾雅》注音、作圖。《隋書·經籍志》記載有「《爾雅圖》十卷，郭璞撰」。可見大概在梁代，人們還看到有郭璞所作的《爾雅圖》。現在我們能看到的《爾雅音圖》，乃是清代嘉慶六年影宋繪圖重摹的刊本，它或許就是源於郭璞所為之《爾雅圖》。當然，即使如此，經過長期輾轉重摹和翻刻，現在的《爾雅音圖》也不可能

還是原來《爾雅圖》的原貌。但是現在看到的《爾雅音圖》的情況表明，凡是郭璞有註解的動植物都有圖。相反，凡是雖為《爾雅》所著錄，但因郭璞暫時不識，而未作註解的動植物則無圖。這說明圖完全是配合文字註解而作的。因此《爾雅注》所解釋的動植物，不僅有簡要的文字描述，而且配有實物圖像，實為動植物誌的雛形。這是中國動植物分類學史上的一個重要發展。

在生物學史上，郭璞起了承前啟後的作用。由於他的研究和註解，使《爾雅》所包含的分類思想不僅得以保存，而且使得原來難讀的《爾雅》，也成為能夠讀懂和能夠利用的書。《爾雅注》成為歷代研究本草的重要參考書。著名的《證類本草》一書，大量吸收了郭璞註解《爾雅》的成果。而《證類本草》又是李時珍《本草綱目》的藍本。從郭璞以後，圖文並用描述動植物的方法，也在本草研究中發揮了重要作用。從唐代以後，所有大型本草著作都配有圖。

郭璞對《爾雅》中所著錄的動物和植物，凡是他自己暫時還沒有弄清楚的或沒有聽說過的，他都不強作註解，而是註明「未詳」或「未聞」等字樣。這說明他作學問的態度，是謙虛謹慎和實事求是的。

郭璞為註解古籍著作做了大量的工作，其《爾雅》注後來被列入《十三經註疏》。他在文學方面也頗有造詣，西元三一六年，他因獻《南郊賦》而被任為著作佐郎，後遷尚書郎，再後為割據荊州的王敦闢為記室參軍。他最後因多次諫阻王敦謀反而遭殺害。

第四章　六朝科技名家（下）

▌葛洪

葛洪，字稚川，別號抱樸子。丹陽句容（今江蘇句容）人。精於煉丹術、中醫學、道教理論。

葛洪的祖父名葛系，父名葛悌，都曾在三國時期的吳國為官。從祖葛玄，字孝先，曾受業於魏國著名方士左慈學煉丹術，所以後世稱他葛仙公。葛洪十三歲喪父，家貧而好學。十六歲時開始讀儒家的《孝經》、《論語》，並發奮精讀五經，立志為文儒。自認為「才非政事，器乏始民」，於是以「不仕為榮」，所以向「立言」方面發展，其基本思想是以儒家為主導。但在他十八九歲時（太安元年前），曾去廬江（今安徽廬江）入馬跡山，拜師於葛玄弟子、方士鄭隱（字思遠），做他的助手，並接受了《正一法文》，《三皇內文》、《五嶽真形圖》、《洞玄五符》等道書及《黃帝九鼎神丹經》、《太清神丹經》、《太清金液神丹經》、《黃白中經》等煉丹術著述，從此開始轉向道教。二十一歲時（太安二年），他以世家子弟受吳興太守的邀請征討以張昌為首的造反軍，擊潰反軍將領石冰部。事平，他「投戈釋甲，徑詣洛陽，欲廣尋異書，了不論戰功」。但正逢西晉喪亂，北道不通，於是周旋徐、豫、荊、襄、交、廣數州之間，接觸了流俗道士數百人。光熙元年，他二十四歲時往廣州，又就業於南海太守鮑靚（字太玄）學習神仙方術，並娶其女為妻。不久後他便返回故里，從此潛心修行著述十餘年，同時兼攻醫術。大約在建武元年，即三十五歲時寫成《抱樸子內篇》二十卷、《抱樸子外篇》五十卷及《神仙傳》十卷（他在近四十

歲時又復加修改），以及醫書《玉函方》及《肘後備急方》。其《內篇》是講神仙方藥、鬼怪變化、養生延年、禳邪卻禍，屬於道家；《外篇》講人間得失、世間褒貶，屬於儒家。晉成帝咸和初年，他欲去扶南（今柬埔寨與越南極南部）蒐集丹砂，以供燒汞煉丹，於是又赴廣州，但被鄧岳勸阻，從此人羅浮山（位於今廣東博羅縣東江之濱）修行。東晉康帝建元元年謝世，年六十一歲。

葛洪的《抱樸子內篇》是中國煉丹術史上一部極重要的經典著述，可以說是自西漢迄東晉中國煉丹術早期活動和成就的基本概括和全面總結，造成了煉丹術史上承前啟後的重要作用。這部書對晉代煉丹術活動的各個方面都有詳實的記載，而且言語質樸，說理明晰。尤其是其中的《金丹篇》與《黃白篇》集中反映了漢晉時期中國煉丹術化學的面貌。

此外，葛洪在其《抱樸子內篇・仙藥》中還對各種石芝、雲母、雄黃、諸玉、真珠、桂、巨勝、檸木實、松脂、菖蒲等等所謂仙藥的特徵、產地、採集、性質、加工及服食法都有相當完整的說明，這些內容對研究中國古代醫藥學、動植物學和礦物學也都是極為珍貴的資料，對今人了解道教丹鼎派的思想和活動也至關重要。

在這部著作中，葛洪也記載了一些他的師祖輩和他自己以及其同時代的方士們透過煉丹實踐所了解到的一些化學變化。

葛洪在熱衷於煉丹術的同時，勤奮地鑽研醫術，可以說是東晉時期對中國醫學貢獻最大的古代傑出醫學家。

他在醫學上的成就是多方面的。他著有一部百卷本的《玉

函方》，雖然此書後來失傳，但從他的自序可知，此書是他在「周流華夏九州之中，收拾奇異，捃拾遺逸，選而集之。使種類殊分，緩急易簡，凡為百卷，名曰玉函」。他的另一部醫著是《肘後備急方》，後代做了一些整理，至今仍然流傳，從這部著作可以看到葛洪在醫學上所做的偉大貢獻。《肘後備急方》又名《肘後救卒方》，經梁代陶弘景增補，改名為《肘後百一方》；以後，又經金代楊用道再度修訂整理，更名為《廣肘後備急方》，現今流傳的版本，即是經楊用道增訂的。從這個版本基本上還能分辨出葛洪本人的醫學成就。

可貴的醫學思想

　　葛洪皈依道教，是一個虔誠的道教徒，醉心於煉製仙丹，追求長生不老。在這個過程中，他為了廣泛收集資料，也為了尋覓理想的煉丹場所，曾經「周流九州之中」。在與民間廣泛、深入的接觸中，他深感民間疾病的發生和傳染，常常因為缺少醫者，而又無簡易的自療方法，只好坐以待斃。他深感有必要編撰一部簡易應急的醫方書。在《肘後備急方》序言中，他深有感慨地說：鑒於仲景元化劉戴祕要、金匱綠秩、黃素等這些古代經方，大多卷帙浩大，有的竟達千卷，非常混雜煩重，而且很難求得一部這類巨著；加上這些著作中所用大多珍貴的藥品，也非一般貧窮病家所能辦得到的。因此，他在自己已有的一百卷《玉函方》的基礎上，收集各種簡便易行的醫療技術和單驗方，在不得已需要用藥時，也都是選用一些價廉效顯、山村僻壤易得的藥物，有的根本不需到市肆去購買，都是一般草

石之品，所在皆有。

　　在上述思想的指導下，他編撰成《肘後備急方》三卷（後世整理成八卷）。書名「肘後」指可隨身攜帶於臂肘之後，「備急」則多用於急救之病症，這與現代之「急救手冊」具有同等的含義。

　　葛洪的醫學思想具有可貴的群眾性。藥品用的是廉價易得之品，治療技術也力求簡便易行，如對古代的針灸技術，他只倡用灸療法，因為針術非一般患者所能掌握，而灸術則人人可做。施灸部位（穴位），他總是通俗、明確地提出大致的位置，如「兩乳間」、「臍下四寸」，而絕少用穴位名。這樣，就達到了他自己所說的：「凡人覽之，可了其所用，或不出乎垣籬之內，顧眄可具。」這也就是《肘後備急方》之所以能流傳不衰的根本原因。

在傳染病學方面的成就

　　傳染病，尤其是急性傳染病，古來已有。東漢張仲景的《傷寒論》總結了當時在發熱性傳染病方面的成就，為人們所推崇和遵循。張仲景的診療系統，素以嚴謹著稱。葛洪基於自己的醫學思想，認為張仲景及其所遵循的《黃帝內經》那一套不適用於窮鄉僻壤，更何況傷寒學體系已不能完善地駕馭全部發熱性傳染病的診治。他指出古代治療傷寒的麻黃湯、桂枝湯、柴胡湯、葛根湯、青龍湯、白虎湯等二十多張方子，都是「大方」，複雜難備，因而另行設計了一些簡便易行的效方，以應

貧窮山村之需。

　　自古以來，都把熱性傳染病歸入傷寒，認為是傷於寒邪所致，且有「冬傷於寒，春必病溫」的說法。醫界一般也都在這個窠臼裡轉圈。葛洪敢於跳出這個圈子，提出「癘氣兼挾鬼毒相注，名為溫病」。這裡應注意的一是「癘氣」，一是「相注」。由於《肘後備急方》重在提供易簡方劑，不是論述醫理的專著，所以他對「癘氣」並未深入論述，但他已經跳出傷寒的藩籬。這一學說到了明代，發展成「癘氣」說及「雜氣」說，從而建立了溫病學派的新學說。葛洪的這一思想可以說是溫病學說的先河和萌芽。至於「相注」，則是指這些「癘氣」所致的病症，能互相染易，明顯是指傳染病。

　　正是在這種不滿足於「傷寒」的新的思想指導下，使他在中國傳染病學方面取得了輝煌的成就。

　　葛洪對許多急、慢性傳染病的記載，在中國醫學文獻中是首次記錄，其中有些甚至是世界醫學史上的最早記錄。這些疾病包括：

✧ **天花**：在《肘後備急方》中，葛洪提到：那一年有一種流行傳染病，發病時，全身包括頭面都長瘡，不多久就遍及全身，全身發紅似火，隨後瘡裡灌膿變白，如不很好治療，大多死亡；如果不死，病癒後，留下瘡疤並變為黑色。這些描述，正是天花的全過程，在中國國內是最早的記錄。

✧ **流行性鉤端螺旋體病**：或稱出血熱。書中指出，那一年又有一種渾身發黃的病。起病時只覺四肢沉重，精神不爽，

不多久，黃色由雙眼遍及全身，並且有全身出血的現象，也可致人於死。

◇ **黃疸性傳染性肝炎**：周身發黃，胸部脹滿，四肢覺腫脹，有時出汗也是黃色的。

◇ **恙蟲病**：這是一種叫「立克次體」的微生物所致的急性傳染病、在《肘後備急方》中，葛洪提到一種沙虱病，其病狀是：初起皮膚上紅赤色，大小與豆黍米粟粒一般，用手摸之其痛如刺。幾天後，全身疼痛發燒，關節疼痛。

◇ **狂犬病**：葛洪創造性地提出「仍殺所咬犬，取腦傅之，後不復發」的治療法。這種以同一瘋狗的腦髓敷傷處治療的方法，是否果真能達到「後不復發」的效果，尚待證實，但這種基於古代「以毒攻毒」的治療思想，卻是至可寶貴的。近代曾證實，狂犬是由於狂犬病毒所致，人被狂犬咬傷後，病毒從傷口進入體內，並與神經組織有特殊的親和力，導致狂犬病發作。狂犬的腦髓及唾液中均有大量病毒存在，這是客觀存在的事實。法國的科學家巴斯德正是從腦組織分離和培養狂犬病毒，並製成病毒疫苗，治療該病的。這種方法，現在稱為被動免疫治療。因此人們常把葛洪的上述治療方法，稱為免疫治療思想的萌芽。

其次，葛洪提出了許多特效的治療藥物。這裡值得一提的是治療腳氣病和瘧疾的藥物。在腳氣病的治療方面，他提出用大豆、牛乳、蜀椒和松節松葉等來治療腳氣病。現代化學分析的結果表明，這些藥物中包含有較豐富的維生素 B，用其治療腳氣病效果較理想。關於瘧疾的治療，該書中曾提及瘧疾種類較多，計有老瘧、溫瘧、瘴瘧、勞瘧、瘧兼痢等多種。其治療

方法也是多樣的，計有常山、鼠婦、豆豉、蒜、皂莢、鱉甲等，這些藥物在治療瘧疾方面都有一定的療效，雖然有的有副作用或毒性，但在古代仍發揮著積極的治療作用。值得一提的還有一種青蒿治療法，其法是將「青蒿一握，以水二升漬，絞取汁，盡服之」。現代的科學工作者在這一思想的啟發下，對青蒿作了研究，發現青蒿中含有青蒿素，這是一種新型的、優質的特效藥，它與以往的奎寧、氯喹等不同，對於惡性瘧疾，特別是腦型的惡性瘧疾，以及對氯喹等具有抗藥性的瘧疾，均有理想的療效，被現代藥學界譽為繼氯喹之後抗瘧史上的一個突破。應該指出的是，青蒿中所含的這種有效成分，是一種不耐熱的化學物質，在加熱後即失去其抗瘧性能。而葛洪在書中摒棄了中藥最常用的熬湯的劑型，改用絞取汁的方法，這不能不令人嘆服其認真觀察和深入實踐的科學精神。

《肘後備急方》中還提出不少中國古代獨特的治療技術。如：

捏脊療法其方法是令病人伏臥床上，醫者用雙手的手指拈取患者脊柱旁的皮膚，要深取，使其略有痛感，並從龜尾（就是尾脊處）往上，一直到瑣背頂端。這種方法治療腹痛，尤其是兒童疳積病，效果甚佳，至今仍為臨床常用。

食道異物療法在進食時不慎將魚骨鯁喉或誤將其他異物吞入食道時，葛洪採用的方法是：將一團薤白放入口中咀嚼，使其變柔軟。然後以繩繫住這團薤，令患者整團吞入，直至鯁骨處。因薤系粗纖維，當即將異物裹入。此時醫者手拉繩端，將異物拉出。如果異物較大，如誤吞釵，也是用一大團干薤的

蕹，煮熟後，切食一大團，和釘一起進入腹中，再排出體外。

　　葛洪還大量記錄各種食物、藥物中毒的治療方法，其中有野葛、狼毒、杏仁、水銀、羊躑躅、半夏、附子、莨菪、毒菌、毒肉等等，其所用的解毒劑有甘草、大豆、雞蛋、薺苨等等，這裡有的是服用後起化學中和作用而解毒，也有的是催吐使毒物立即吐出，都有一定的效果。對於昏迷不醒人事的病人，他的簡便有效的急救方法是用灸法，灸人中穴、膻中穴等，在沒有灸艾等材料時，他主張用手指甲切鼻柱下，也就是掐人中穴的方法，至今在醫療中及民間仍是常用的急救方法。

　　《肘後備急方》不失為一本簡易急救療法手冊，各種藥物、治療技術，大多是易得、易於掌握的方法，葛洪的醫療技術被後世譽為「簡便驗廉」，是最高度的概括。他的這些診療思想和方法技術，對中醫的發展有著較大的影響。

▌法顯

　　法顯，原姓龔。平陽郡平陽（今山西臨汾）人。地理學家。

　　法顯有兄長三人，都不幸早逝。父母怕他不能成人，三歲即將他剃度為沙彌。剃度後，在家住了幾年，大病幾乎死去。父母趕緊送他入寺院中，從此不肯回家。十歲時父親去世，叔父曾逼他還俗，他不從。不久母親去世，他回家辦完喪事就回寺院。二十歲受大戒。為人篤信佛教，性格倔強，有志有恆，聰明正直。他生活的時代正是南北分裂，封建割據的南北朝時

第四章 六朝科技名家（下）

期，百姓大眾受戰亂之苦，受剝削壓迫之苦很深，得不到解救，於是產生了從宗教中尋求安慰和拯救的幻想，統治階級則妄想透過宗教而享受天國之樂。在這種情況下，佛教在中國得到廣泛傳播和迅速發展。法顯進入中年以後，住在長安。他看到佛教雖然迅速發展，但缺乏戒律，以致各自為政，使佛教界呈現混亂的局面。法顯對佛教界的混亂現狀不滿，立志去西方天竺（今印度）取經求法，以此矯正時弊。

後秦弘始元年，五十八歲的法顯與慧景、慧嵬、道整、慧應等同行從長安出發，去天竺尋求戒律。經乾歸國（今甘肅蘭州西）、耨檀國（今青海西寧），於西元四〇〇年到張掖。經敦煌，穿越一千五百里的沙河（今敦煌西至鄯善之間的沙漠地帶）至鄯善國（今新疆若羌東之米蘭）、焉夷國（今新疆焉耆），又從焉夷西南行，沿塔里木河，於闐河穿越塔克拉瑪乾沙漠，於西元四〇一年到於闐國（今新疆和田）。經子合國（今新疆葉城奇盤莊），西逾蔥嶺（今帕米爾高原），經於麾國（今葉爾羌河中上游）、竭叉國（今塔什庫爾干）和陀歷國（今克什米爾之達麗爾），於西元四〇二年到烏萇國（今巴基斯坦北部斯瓦脫河流域）。經宿呵多國（今斯瓦斯梯）、犍陀衛國（今巴基斯坦白沙瓦東北）、竺剎屍羅國（今巴基斯坦沙恩台裡東南）、弗樓沙國（今巴基斯坦白沙瓦）和那竭國（今阿富汗的賈拉拉巴德），過小雪山（塞費德科山），於西元四〇三年到羅夷國（塞費德科山南羅哈尼人居住地）。經跋那國（今巴基斯坦北部邦努）、毗荼國（今旁遮普）、摩頭羅國（今印度馬霍裡），於西元四〇四年到僧伽施國（今印度北方邦西部法魯哈巴德區之桑

吉沙村）。經沙祇大國（今印度北方阿約底）、拘膚羅國（今印度北方巴耳蘭普爾西北）、藍莫國（今尼泊爾達馬里）和毗舍離國（今印度比哈爾邦比沙爾），於西元四〇五年到摩竭提國（今印度比哈爾邦之巴特那）。經迦屍國（今印度北方邦貝拿靳斯）、拘陝彌國（今印度北方邦柯散）、達嚷國（今印度中部馬哈納迪河上游）以及瞻波大國（今印度比哈爾邦巴格耳普爾），於西元四〇八年到多摩梨帝國（今印度加爾各答西南之坦姆拉克）。義熙五年十二月法顯乘船到獅子國（今斯里蘭卡），在獅子國住了兩年。義熙七年再乘船回國，途經耶婆提（今蘇門答臘）時曾作短暫停留。義熙八年七月，法顯在長廣郡（今山東嶗山）登陸，接著去彭城（今徐州）。西元四一三年去京口（今鎮江）、建康（今南京）。

法顯此行所經國家二十八個，前後在外十五年，經歷了種種艱險。先後跟隨他的十一人，有的中途返回，有的病死，有的到了天竺後就留居在那裡，只有法顯一人在求得經律後返回祖國，展現了他那種堅忍不拔、百折不撓的精神。這次旅遊成功，使法顯成為中國最早翻越西域邊境高山而深入印度的少數旅行探險家之一，成為中國由陸路去印度，由海路回中國的第一個旅行家。義熙十年，他在建康翻譯佛經，同時根據自己的旅遊經歷寫成《法顯傳》一書。《法顯傳》的書名有好幾個，如《佛國記》、《佛遊天竺記》、《高僧法顯傳》、《三十國記》等。

《法顯傳》是一部具有重要地理內容的遊記，它不僅描述了中國西北沙漠景觀和他旅行這些地方的艱辛，而且還用大部分篇幅描述印度、巴基斯坦、阿富汗、斯里蘭卡等國的地理風

貌、宗教信仰、歷史傳說、經濟制度、社會文化和風俗習慣
等。因此，它是中國記述印度最早最有價值的著作之一，又是
研究西域和南亞史地的重要文獻。透過他的描述，把人們在中
國西北沙漠中旅行的艱難呈現在讀者眼前：沙河中多「熱風，
遇則皆死，無一全者。上無飛鳥，下無走獸，遍望極目，欲求
度處，則莫知所擬，唯以死人枯骨為標誌耳」。蔥嶺南北不同
的自然景觀，在法顯的描述中有明顯的展現：「自蔥嶺已前，
草木果實皆異，唯竹及安石榴、甘蔗三物與漢地同耳。」「順
嶺西南行十五日，其道艱阻，崖岸險絕，其山唯石，壁立千
仞，臨之目眩。」法顯對獅子國的描述，給讀者展現了明確的
地理位置和一個「無有時節」的熱帶景觀：「其國在大洲上，東
西五十由延（一由延約四點八海里），南北三十由延，左右小
洲乃有百數，其間相去或十里、二十里，或兩百里，皆統屬大
洲。多出珍寶珠璣，……其國和適，無冬夏之異，草木常茂，
田種隨人，無有時節。」

　　《法顯傳》的地理學價值，還表現在它對當時印度洋、南海
航行情況的記述上。法顯是中西交通史上陸海兼程往返於中印
之間的第一人。《法顯傳》可以說是航海遊記，是中國關於信
風和南洋航船的最早最系統的記錄。書中對全部海程的航路、
航船都有明確記載，特別是從印度恆河口南航斯里蘭卡，從斯
里蘭卡東航蘇門答臘，從蘇門答臘北航山東半島的連續三次因
季風轉換而乘不同方向信風航海的記錄，有重大歷史意義。義
熙五年十月一日他從印度乘船去斯里蘭卡，西南行，順冬初信
風，十四個晝夜到獅子國。十月上旬的初冬信風，正是印度洋

上東北季風盛行時期，順東北季風西南行船，非常方便。義熙七年八月，法顯乘船從獅子國去耶婆提時，已是西南季風的末期，進入了季風轉換期。當西南季風轉換成東北季風後，法顯由西向東航行，便是逆風而行，加上暴風雨的襲擊，使他乘坐的船受損漏水，船旋迴漂轉九十餘日才到達目的地。後來，法顯在耶婆提停留了五個月，等候西南季風回國。由於風暴的襲擊，把他吹到了山東半島的嶗山。此外，《法顯傳》在宗教史（特別是佛教史）和文學史上也佔有重要的地位。這裡僅就他的海陸旅行在中國地理學史上所具有的意義和價值作了闡述。

《法顯傳》以它重要的歷史價值和學術價值，受到國內外學術界的高度重視。國內歷代都有人對它進行研究；在國外，十九世紀以來各國學者很注重對此書的研究，先後譯成法文、英文出版，成為世界名著。

何承天

何承天，東海郯（今山東郯城）人。天文學家。

何承天五歲喪父，由叔父撫養長大，叔父何肜兮為益陽令。母親徐氏為晉祕書監徐廣之姐，聰明博學，故何承天從小就受到良好的家庭教育，諸子百家的學問無不精通。

何承天的青年時代正逢東晉末年，先後擔任過南蠻校尉參軍、長沙公輔國府參軍，也做過瀏陽令、宛陵令、錢唐令等。劉宋元嘉年間，曾擔任過衡陽內史、著作左郎、太子率更令領

園子博士，又遷御史中丞。受命修撰國史，又撰《安邊論》，具有一定影響，《宋書》評之為「博而篤」。何承天「性剛愎，不能曲意朝右，頗以所長侮同列」。因此做官也不順利，數起數落，甚至「被收系獄」。

　　元嘉十六年何承天為著作左郎，隨即轉為太子率更令。自此以後才聲望日甚，宋文帝也很看重他的才學。《何衡陽集》附錄載《本傳》說：「承天博見古今，為一時所重」，「時（文）帝每有疑議，必先訪之。」《本傳》曾記載這樣一件事：宋文帝命張永開挖玄武湖，挖出一座古墓，在墓上發現一個有柄的銅斗。宋文帝想了解它的歷史，便遍問朝臣。只有何承天才說出它的出處。原來王莽在三公死亡時，都曾贈以一對威斗，此即王莽之物。何承天又指出當時三公之中僅甄邯家在江南，因此便進一步判斷即為甄邯之墓。隨即又從墓中掘銅斗一個，並有一塊石碑，刻有「大司徒甄邯之墓」的銘文，從而證實了何承天的判斷，從此大家都很敬佩他的學識。

　　後人將他的著作彙集起來，稱之為《何衡陽集》，因其曾在衡陽做官，故取此書名。其最著名的科學著作《元嘉曆》，完成於元嘉二十年，正是他擔任太子率更令兼國子博士之時。元嘉曆有許多創造發明，是中國古代的名曆之一，被郭守敬列為歷代最有創造性的十三家曆法之一。阮元在《疇人傳》中評論說：「承天術勝於前者三事：欲用定朔，一也；考正冬至日度，二也；春秋分晷影無長短之差，三也。至其創立強弱二率，以調日法，由唐迄宋，演撰家皆墨守其說而不敢變易，可謂卓然名家者。」

　　劉宋初年，沿用曹魏楊偉造的景初曆。自魏景初元年使用以來，已有兩百餘年的歷史。由於使用年久，加上此曆本身存在的缺點，誤差越來越顯著。元嘉二十年，何承天向劉宋政府獻出私造的新曆法，經過檢驗以後，證實新曆比舊曆精密，於是取名為元嘉曆，於元嘉二十二年開始頒行，至梁天監八年才改用祖沖之造的大明曆，先後行用達六十五年之久。

　　何承天的元嘉曆並非倉促之作。他的舅父徐廣就一輩子研究曆數，撰有《七曜曆》，並且積晉太和至太元近四十年的實測資料。何承天從舅父那裡學得曆數的知識，從此也熱心於曆算工作。徐廣去世以後，《七曜曆》及其校測資料便為何承天所繼承。他繼續觀測校核，至元嘉二十年，又經四十餘年。這些豐富的觀測記錄，為何承天制訂元嘉曆打下了穩固的基礎。因此，元嘉曆的成就，也應有徐廣的一份貢獻。

　　宋文帝元嘉年間，長江流域出現了東晉以來未曾有過的繁榮景象，經濟和文化都得到飛速的發展，正是這個時候，改訂曆法的時機成熟了。正逢宋文帝也愛好曆算，曆法改革終於在這樣的環境下得以完成。

　　何承天在完成他的曆法以後，便進呈給宋朝政府。宋文帝是較為讚賞的，認為「殊有理據」，並交曆官檢驗。當時的太史令錢樂之、兼丞嚴粲經過檢驗後復旨說：據元嘉十一年、十三年、四年、十五年、十七年的觀測記錄，「凡此五食，以月沖一百八十二度半考之，冬至之日，日並不在斗二十一度少，並在斗十七度半間，悉如承天所上」。又以元嘉十一年以來十年所測冬至影長，「尋校前後，以影極長為冬至，並差三日。以

第四章　六朝科技名家（下）

月食檢日所在，已差四度。土圭測影，冬至又差三日。今之冬至，乃在斗十四間。又如承天所上」（《宋書·律曆志中》）。對於冬至點的位置和冬至日期所作檢驗的結果，都證實了何承天所推是正確的。於是確立了元嘉曆的優勢。然而，元嘉曆首先提出使用定朔來定大小月，這原本是進步的主張，但錢樂之和嚴粲的思想都較為守舊，主張仍用舊法。員外散騎郎皮延宗也反對這一改革。何承天革新思想得不到支持，只能妥協，仍用平朔。

元嘉曆的改革和成就主要有以下六個方面：

利用月食測定冬至日度以月食檢冬至日所在的方法，首先是由後秦姜岌發明的，何承天非常重視這一方法，並廣加應用。

實測中星以定歲差晉虞喜第一次提出了赤道歲差的概念，是中國天文學史上一項極其重要的發現。

創立調日法根據《宋史·律曆志中》周琮《明天曆》的記載，調日法是何承天創立的，但在宋以前，幾乎沒有任何文獻談到過調日法。

創用定朔算法劉洪造乾象曆認識到「月行遲疾、周進有恆」。立損益率和盈縮積表，以求月亮的實測行度；又創月行三道術，以推算月亮出入黃道內外的度數。從此開始，曆法取得了巨大進步。但推曆日定大小餘仍用平朔。魏晉曆法也是如此。何承天上曆表說：「月有遲疾，合朔月食，不在朔望，亦非曆意也。故元嘉皆以盈縮定其小餘，以正朔望之日。」（《宋書·律曆志中》）他認為，月行有盈縮，仍用平朔定大小餘甚

不合理，於是便創定朔算法，以月行盈縮定大小余。這在中國
曆法史上也是一大進步。

定春、秋分晷影無長短之差元嘉以前，僅後漢四分曆和魏
景初曆載有各節氣晷影長度。景初曆的數值與後漢四分曆全
同，故知它沿襲後漢四分曆。後漢四分曆在制定時，節氣就落
後二天多，其各節氣晷影長度，大約是實測的結果。按理說，
春、秋分或立春、立冬等相對應的節氣，其影長也應該大致相
等，即使日行有盈縮，當時太陽近地點不在冬至，但其影響仍
然是次要的。因此，對相應節氣的影長相差達數寸以上，是很
不合理的。這只能說明，曆面所定節氣，比真實節氣有幾天的
誤差。何承天在其所上的曆表中指出：「案《後漢志》，春分日
長，秋分日短，差過半刻。尋二分在二至之間，而有長短，因
識春分近夏至，故長；秋分近冬至，故短也。楊偉不悟，即用
之。」（《宋書·律曆志中》）只要從實測各個節氣的晷影數值，
即能大致判斷出景初曆冬至後天的日數。因此，何承天糾正了
後漢四分曆和景初曆的錯誤，從對應節氣的影長應大致相等的
基本概念出發，重新實測了二十四節氣晷影的數值。後世諸曆
實測二十四節氣晷影，都大致不出這個範圍。

祖沖之

古代著名的科學家

　　祖沖之是中國南北朝時代南朝的一位著名科學家。

　　從西元四二〇年東晉滅亡到五八九年隋朝統一全國的一百七十年中間，中國歷史上形成了南北對立的局面，這一時期稱作南北朝。南朝從西元四二〇年東晉大將劉裕奪取帝位，建立宋政權開始，經歷了宋、齊、梁、陳四個朝代。與南朝對峙的是北朝，北朝經歷了北魏、東魏、西魏，北齊、北周等朝代。祖沖之是南朝人，出生在宋，死的時候已是南齊時期了。

　　當時由於南朝社會比較安定，農業和手工業都有顯著的進步，經濟和文化得到了迅速發展，從而也推動了科學的前進。因此，在這一段時期內，南朝出現了一些很有成就的科學家，祖沖之就是其中最傑出的人物之一。

　　祖沖之的原籍是范陽郡道縣（今河北易縣）。在西晉末年，祖家由於故鄉遭到戰爭的破壞，遷到江南居住。祖沖之的祖父祖昌，曾在宋朝政府裡擔任過大匠卿，負責主持建築工程，是掌握了一些科學技術知識的；同時，祖家歷代對於天文曆法都很有研究。因此祖沖之從小就有接觸科學技術的機會。

　　祖沖之對於自然科學和文學、哲學都有廣泛的興趣，特別是對天文、數學和機械製造，更有強烈的愛好和深入的鑽研。早在青年時期，他就有了博學多才的名聲，並且被政府派到

當時的一個學術研究機關 —— 華林學省，去做研究工作。後來他又擔任過地方官職。西元四六一年，他任南徐州（今江蘇鎮江）刺史府裡的從事。西元四六四年，宋朝政府調他到婁縣（今江蘇崑山縣東北）作縣令。

祖沖之在這一段期間，雖然生活很不安定，但是仍然繼續堅持學術研究，並且取得了很大的成就。他研究學術的態度非常嚴謹。他十分重視古人研究的成果，但又絕不迷信古人。用他自己的話來說，就是：絕不「虛推（盲目崇拜）古人」，而要「搜煉古今（從大量的古今著作中吸取精華）」。一方面，他對於古代科學家劉歆、張衡、闞澤、劉徽、劉洪、趙歐等人的著述都作了深入祖沖之的研究，充分吸取其中一切有用的東西。另一方面，他又敢於大膽懷疑前人在科學研究方面的結論，並透過實際觀察和研究，加以修正補充，從而取得許多極有價值的科學成果。在天文曆法方面，他所編制的《大明曆》，是當時最精密的曆法。在數學方面，他推算出準確到六位小數的圓周率，取得了當時世界上最優秀的成績。

宋朝末年，祖沖之回到建康（今南京），擔任謁者僕射的官職。從這時起，一直到齊朝初年，他花了較大的精力來研究機械製造，重造指南車，發明千里船、水碓磨等等，作出了出色的貢獻。

當祖沖之晚年的時候，齊朝統治集團發生了內亂，政治腐敗黑暗，百姓生活非常痛苦。北朝的魏乘機發大兵向南進攻。從西元四九四年到西元五〇〇年間，江南一帶又陷入戰火。對於這種內憂外患重重逼迫的政治局面，祖沖之非常關心。大約

在西元四九四年到西元四九八年之間，他擔任長水校尉的官職。當時他寫了一篇《安邊論》，建議政府開墾荒地，發展農業，增強國力，安定民生，鞏固國防。齊明帝看到了這篇文章，打算派祖沖之巡行四方，興辦一些有利於國計民生的事業。但是由於連年戰爭，他的建議始終沒有能夠實現。過不多久，這位卓越的大科學家活到七十二歲，就在西元五〇〇年的時候去世了。

改革曆法

　　中國古代農民百姓，由於畜牧業和農業生產的需要，經過長時期的觀察，發現了日月運行的基本規律。他們把第一次月圓或月缺到第二次月圓或月缺每拉的一段時間規定為一個月，每個月是 29 天多一點，12 個月稱為一年。這種計年方法叫做陰曆。他們又觀察到：從第一個冬至到下一個冬至（實際上就是地球圍繞太陽運行一週的時間）共需要 365 又 1/4 天，於是也把這一段時間稱作一年。按照這種辦法推算的曆法通常叫做陽曆。但是，陰曆一年和陽曆一年的天數，並不恰好相等。按照陰曆計算，一年共計 354 天；按照陽曆計算，一年應為 365 天 5 小時 48 分 46 秒。陰曆一年比陽曆一年要少 11 天多。為了使這兩種曆法的天數一致，就必須想辦法調整陰曆一年的天數。對於這個問題，我們的祖先很早就找到了解決的辦法，就是採用「閏月」的辦法。在若干年內安排一個閏年，在每個閏年中加入一個閏月。每逢閏年，一年就有 13 個月。由於採用了這種閏年的辦法，陰曆年和陽曆年就比較符合了。

在古代，中國曆法家一向把 19 年定為計算閏年的單位，稱為「一章」，在每一章裡有 7 個閏年。也就是說，在 19 個年頭中，要有 7 個年頭是 13 個月。這種閏法一直採用了一千多年，不過它還不夠周密、精確。西元四一二年，北涼趙歐創作《元始曆》，才打破了歲章的限制，規定在 600 中間插入 221 個閏月。可惜趙歐的改革沒有引起當時人的注意，例如著名曆算家何承天在西元四四三年製作《元嘉曆》時，還是採用 19 年 7 閏的古法。

祖沖之吸取了趙歐的先進理論，加上他自己的觀察，認為 19 年 7 閏的閏數過多，每 200 年就要差一天，而趙歐 600 年 221 閏的閏數卻又嫌稍稀，也不十分精密。因此，他提出於 391 年內 144 閏的新閏法。這個閏法在當時算是最精密的了。

除了改革閏法以外，祖沖之在曆法研究上的另一重大成就，是破天荒第一次應用了「歲差」。

根據物理學原理，剛體在旋轉運動時，假如絲毫不受外力的影響，旋轉的方向和速度應該是一致的；如果受了外力影響，它的旋轉速度就要發生週期性的變化。地球就是一個表面凹凸不平、形狀不規則的剛體，在運行時常受其他星球吸引力的影響，因而旋轉的速度總要發生一些週期性的變化，不可能是絕對均勻一致的。因此，每年太陽運行一週（實際上是地球繞太陽運行一週），不可能完全回到上一年的冬至點上，總要相差一個微小距離。按現在天文學家的精確計算，大約每年相差 50.2 秒，每 71 年 8 個月向後移一度。這種現象叫做歲差。

隨著天文學的逐漸發展，中國古代科學家們漸漸發現了歲

第四章　六朝科技名家（下）

差的現象。西漢的鄧平、東漢的劉歆、賈逵等人都曾觀測出冬至點後移的現象，不過他們都還沒有明確地指出歲差的存在。到東晉初年，天文學家虞喜才開始肯定歲差現象的存在，並且首先主張在曆法中引入歲差。他給歲差提出了第一個數據，算出冬至日每 50 年退後一度。後來到南朝宋的初年，何承天認為歲差每 100 年差一度，但是他在他所制定的《元嘉曆》中並沒有應用歲差。

祖沖之繼承了前人的科學研究成果，不但證實了歲差現象的存在，算出歲差是每 45 年 11 個月後退一度，而且在他製作的《大明曆》中應用了歲差。因為他所根據的天文史料都還是不夠準確的，所以他提出的數據自然也不可能十分準確。儘管如此，祖沖之把歲差應用到曆法中，在天文曆法史上卻是一個創舉，為中國曆法的改進揭開了新的一頁。到了隋朝以後，歲差已為很多曆法家所重視了，像隋朝的《大業曆》、《皇極曆》中都應用了歲差。

祖沖之在曆法研究方面的第三個巨大貢獻，就是能夠求出曆法中通常稱為「交點月」的日數。

所謂交點月，就是月亮連續兩次經過「黃道」和「白道」的交叉點，前後相隔的時間。黃道是指我們在地球上的人看到的太陽運行的軌道，白道是我們在地球上的人看到的月亮運行的軌道。交點月的日數是可以推算得出來的。祖沖之測得的交點月的日數是 27.21223 日，比過去天文學家測得的要精密得多，與近代天文學家所測得的交點月的日數 27.21222 日已極為近似。在當時天文學的技術下，祖沖之能得到這樣精密的數字，

成績實在驚人。

由於日蝕和月蝕都是在黃道和白道交點的附近發生，所以推算出交點月的日數以後，就更能準確地推算出日蝕或月蝕發生的時間。祖沖之在他制訂的《大明曆》中，應用交點月推算出來的日、月蝕時間比過去準確，和實際出現日、月蝕的時間都很接近。

祖沖之根據上述的研究成果，終於製成了當時最科學、最進步的曆法——《大明曆》。這是祖沖之科學研究的天才結晶，也是他在天文曆法上最卓越的貢獻。

此外，祖沖之對木、水、火、金、土等五大行星在天空運行的軌道和運行一週所需的時間，也進行了觀測和推算。中國古代科學家算出木星（古代稱為歲星）每 12 年運轉一周。西漢劉歆作《三統曆》時，發現木星運轉一周不足 12 年。祖沖之更進一步，算出木星運轉一周的時間為 11.858 年。現代科學家推算木星運行的週期約為 11.862 年。祖沖之算得的結果，同這個數字僅僅相差零點零四年。此外，祖沖之算出水星運轉一周的時間為 115.88 日，這同近代天文學家測定的數字在兩位小數以內完全一致。他算出金星運轉一周的時間為 583.93 日，同現代科學家測定的數字僅差 0.01 日。

宋大明六年，祖沖之把精心編成的《大明曆》送給政府，請求公布實行。宋孝武帝命令懂得曆法的官員對這部曆法的優劣進行討論。在討論過程中，祖沖之遭到了以戴法興為代表的守舊勢力的反對。戴法興是宋孝武帝的親信大臣，很有權勢。由於他帶頭反對新曆，朝廷大小官員也隨聲附和，大家不贊成

第四章 六朝科技名家（下）

改變曆法。

祖沖之為了堅持自己的正確主張，理直氣壯地同戴法興展開了一場激烈的辯論。

這一場關於新曆法優劣的辯論，實際上反映了當時科學和反科學、進步和保守兩種勢力的尖銳對立。戴法興首先上書皇帝，從古書中抬出古聖先賢的招牌來壓制祖沖之。他說，冬至時的太陽總在一定的位置上，這是古聖先賢測定的，是萬世不能改變的。他說，祖沖之以為冬至點每年有稍微移動，是誣衊了天，違背了聖人的經典。他又把當時通行的十九年七閏的曆法，也說是古聖先賢所制定，永遠不能更改。他甚至罵祖沖之是淺陋的凡夫俗子，沒有資格談改革曆法。

祖沖之對權貴勢力的攻擊絲毫沒有懼色。他寫了一篇有名的駁議。他根據古代的文獻記載和當時觀測太陽的記錄，證明冬至點是有變動的。他指出：事實十分明白，怎麼可以信古而疑今。他又詳細地舉出多年來親自觀測冬至前後各天正午日影長短的變化，精確地推算出冬至的日期和時刻，從此說明十九年七閏是很不精密的。他責問說：舊的曆法不精確，難道還應當永遠用下去，永遠不許改革。誰要說《大明曆》不好，應當拿出確鑿的證據來。

當時戴法興指不出新曆到底有哪些缺點，於是就爭論到日行快慢、日影長短、月行快慢等等問題上去。祖沖之一項一項地據理力爭，都駁倒了他。

在祖沖之理直氣壯的駁斥下，戴法興沒話可以答辯了，竟蠻不講理地說：「新曆法再好也不能用。」祖沖之並沒有被戴法

興這種蠻橫態度嚇倒，卻堅決地表示：「絕不應該盲目迷信古人。既然發現了舊曆法的缺點，又確定了新曆法有許多優點，就應當改用新的。」

在這場大辯論中，許多大臣被祖沖之精闢透徹的理論說服了，但是他們因為畏懼戴法興的權勢，不敢替祖沖之說話。最後有一個叫巢尚之的大臣出來對祖沖之表示支持。他說《大明曆》是祖沖之多年研究的成果，根據《大明曆》來推算元嘉十三年、十四年、二十八年、大明三年的四次月蝕都很準確，用舊曆法推算的結果誤差就很大，《大明曆》既然由事實證明比較好，就應當採用。

這樣一來，戴法興只有啞口無言。祖沖之取得了最後勝利。宋孝武帝決定在大明九年改行新曆。誰知大明八年孝武帝死了，接著統治集團內發生變亂，改曆這件事就被擱置。一直到梁朝天監九年，新曆才被正式採用，可是那時祖沖之已去世十年了。

圓周率研究的重大貢獻

祖沖之不但精通天文、曆法，他在數學方面的貢獻，特別對「圓周率」研究的傑出成就，更是超越前代，在世界數學史上放射著異彩。

在推算圓周率時，祖沖之付出了不知多少辛勤的勞動。如果從正六邊形算起，算到二四五七《隋書·律曆志》六邊時，就要把同一運算程式反覆進行十二次，而且每一運算程式又包

第四章　六朝科技名家（下）

括加減乘除和開方等十多個步驟。我們現在用紙筆算盤來進行這樣的計算，也是極其吃力的。當時祖沖之進行這樣繁難的計算，只能用籌碼（小竹棍）來逐步推演。如果頭腦不是十分冷靜精細，沒有堅忍不拔的毅力，是絕對不會成功的。祖沖之頑強刻苦的研究精神，是很值得推崇的。

祖沖之死後，他的兒子祖日恆之繼續父親的研究，進一步發現了計算圓球體積的方法。

在中國古代數學著作《九章算術》中，曾列有計算圓球體積的公式，但很不精確。劉徽雖然曾經指出過它的錯誤，但究竟應當怎樣計算，他也沒有求得解決。經祖眶刻苦鑽研，終於找到了正確的計算方法。他所推算出的計算圓球體積的公式是：圓球體積 $=\frac{\pi}{6}D^3$（D 代表球體直徑）。這個公式一直到今天還被人們採用著。

祖沖之還曾寫過《綴術》五卷，是一部內容極為精彩的數學書，很受人們重視。唐朝的官辦學校的算學科中規定：學員要學《綴術》四年；政府舉行數學考試時，多從《綴術》中出題。後來這部書曾經傳到朝鮮和日本。可惜到了北宋中期，這部有價值的著作竟失傳了。

機械製造和音樂、哲學方面的成就

指南車是一種用來指示方向的車子。車中裝有機械，車上裝有木人。車子開行之前，先把木人的手指向南方，不論車子怎樣轉彎，木人的手始終指向南方不變。這種車子結構已經失

傳，但是根據文獻記載，可以知道它是利用齒輪互相帶動的結構製成的。相傳遠古時代黃帝對蚩尤作戰，曾經使用過指南車來辨別方向，但這不過是一種傳說。根據歷史文獻記載，三國時代的發明家馬鈞曾經製造過這種指南車，可惜後來失傳了。西元四一七年東晉大將劉裕（也就是後來宋朝的開國皇帝）進軍至長安時，曾獲得後秦統治者姚興的一輛舊指南車，車子裡面的機械已經散失，車子行走時，只能由人來轉動木人的手，使它指向南方。後來齊高帝蕭道成就令祖沖之仿製。祖沖之所製指南車的內部機件全是銅的。製成後，蕭道成就派大臣王僧虔、劉休兩人去試驗，結果證明它的構造精巧，運轉靈活，無論怎樣轉彎，木人的手常常指向南方。

當祖沖之製成指南車的時候，北朝有一個名叫索馭的來到南朝，自稱也會製造指南車。於是蕭道成也讓他製成一輛，在皇宮裡的樂游苑和祖沖之所製造的指南車比賽。結果祖沖之所製的指南車運轉自如，索馭所製的卻很不靈活。索馭只得認輸，並把自己製的指南車毀掉了。祖沖之製造的指南車，我們雖然已無法看到原物，但是由這件事可以想像，它的構造一定是很精巧的。

祖沖之也製造了很有用的農用工具。他看到從民百姓舂米、磨粉很費力，就創造了一種糧食加工工具，叫做水碓磨。古代勞動百姓很早就發明了利用水力舂米的水碓和磨粉的水磨。西晉初年，杜預曾經加以改進，發明了「連機碓」和「水轉連磨」。一個連機碓能帶動好幾個石杵一起一落地舂米；一個水轉連磨能帶動八個磨同時磨粉。祖沖之又在這個基礎上進

一步加以改進，把水碓和水磨結合起來，生產效率就更加提高了。這種工具，現在中國南方有些農村還在使用著。

祖沖之還發明了一種千里船，它可能是利用輪子打水前進的原理製造的，一天能行一百多里。

祖沖之還根據春秋時代文獻的記載，製作了一個「欹器」，送給齊武帝的第二個兒子蕭子良。欹器是古人用來警誡自滿的器具。器內沒有水的時候，是側向一邊的。裡面盛水以後，如果水量適中，它就豎立起來；如果水滿了，它又會倒向一邊，把水潑出去。這種器具，晉朝的學者杜預曾試製三次，都沒有成功；祖沖之卻仿製成功了。由此可見，祖沖之對各種機械都有深刻的研究。

祖沖之的成就不僅限於自然科學方面，他還精通樂理，對於音律很有研究。

此外，祖沖之又著有《易義》、《老子義》、《莊子義》、《釋論語》等關於哲學的書籍，都已經失傳了。

祖沖之在天文、曆法、數學以及機械製造等方面的輝煌成就，充分表現了中國古代科學的高度發展水準。

祖沖之不僅是中國歷史上傑出的科學家，而且在世界科學發展史上也有崇高的地位。祖沖之發現的「密率」（圓周率），是世界聞名的。

第五章
隋、明、清科技名家

李時珍

李時珍生平

　　李時珍生活在明朝的嘉靖、萬曆年間。當時的封建統治者不重視科學技術的發展，所以關於這位偉大科學家的生平事蹟記載很少，除了他的兒子李建元在把《本草綱目》獻給萬曆皇帝時寫的《進本草綱目疏》以外，幾乎找不到什麼更詳細的文字記載。直到清朝初年，李時珍的同鄉人顧景星才為他寫了一篇傳記。這篇傳記是我們今天了解李時珍的重要史料。李時珍字東璧，號瀕湖，蘄州東門外瓦硝壩人，生於明武宗正德十三年。李時珍的上幾輩都行醫。他的父親李言聞，號月池，著有《月池人蔘傳》、《四診發明》、《痘疹證治》和《蘄艾傳》等書，在家鄉一帶頗有醫名。

　　在家庭環境的影響下，李時珍從小就對祖國醫藥學產生了濃厚的興趣。但當時醫生的社會地位是很低的，常常被人看不起；在正史裡，他們的傳記也排列在方伎列傳裡，醫學被人視為末學雜流。一般讀書人熱衷於科舉考試，輕視實際知識的積累。李時珍的父親也希望兒子能夠「學而優則仕」，因此督促李時珍從小就讀那些陳腐枯燥的八股文。

　　李時珍在十四歲那年，即明世宗嘉靖十年，考取了秀才。此後又三次到武昌去應鄉試（省一級的考試），考舉人，但三次都落選了。

　　李時珍從小身體瘦弱，二十歲那年參加鄉試前後還生過一場大病。據他自己在《本草綱目》中所說，這次病是從感冒引起的，咳嗽了很久，沒有及時注意，結果轉為「骨蒸病」，皮膚發熱，熱得像火燎一樣，覺得心煩口渴，每天吐痰一碗多。從現在的醫學知識來看，他患的可能是肺結核。李時珍當時已懂得醫道，他自己用了柴胡、麥門冬、荊瀝等各種清熱化痰的藥，治了一個月，病情未見好轉，甚至以為生命有危險了。後來還是由他父親給治好了。他的父親根據李時珍皮膚發熱、口渴，而白天又更加嚴重的情況，選用了名醫李東垣的獨味黃芩湯，李時珍服後第二天就退了燒，痰和咳嗽也漸漸好了。李時珍事後感嘆道，藥對病症就好像鼓槌敲在鼓上一樣，立刻發出響聲，「醫中之妙，有如此哉」！

　　李時珍從小遵父命讀八股文，應科舉考試，但他對這一套實在不感興趣。嘉靖十九年，他第三次鄉試落選後，從此告別了八股科舉，專心一意地鑽研醫藥學。由於李時珍的刻苦鑽研和他父親的精心指導，他進步很快。

　　李時珍在二十五歲那年，即嘉靖二十一年，開始正式行醫。當時他已結婚，有了第一個兒子建中。他幫助老父共同挑起了全家的生活重擔。蘄州玄妙觀是李言聞、李時珍經常行醫的地方。

　　李時珍行醫不久，蘄州一帶連年大旱，河塘乾涸，糧食歉收，同時又發生了瘟疫。按明朝的醫事制度，明政府在各地都設有「醫藥惠民局」。而所謂「惠民」，只不過是統治者籠絡人心的話。當時貪汙成風，藥局的官吏營私舞弊，賤買貴賣，以

假充真，實際上窮苦百姓很少能沾到什麼「惠」。

　　在貧病交加、走投無路的情況下，許多窮苦百姓來找李家父子求醫。對待窮人，李時珍總是細心診察、用藥，不論他們是鄉鄰還是遠路來的病人，有時甚至還為病人賠上藥錢。由於李家父子的精心治療和熱情幫助，許多危重病人恢復了健康，所以後人稱讚李時珍道：「千里就藥於門，立活不取值（報酬）。」

　　李時珍行醫十年之後，在醫學上的造詣已經遠遠地超過了他的父親，他的醫名也越來越大。不久，明朝皇族住在武昌的楚王朱英㷆得知他醫術高明，就把他召去，讓他以王府「奉祠正」（管祭祀禮節的八品官員）的名義掌管王府「良醫所」的事務。楚王的長子患有「暴厥症」，用現在的話來講就是抽風病，經李時珍的治療，很快就好了。

　　李時珍在楚王府待了好些年。他過去長期給群眾看病，同普通老百姓有深厚的感情，所以到楚王府後，仍舊常到外面給人看病。武昌蛇山觀音閣就是他常去的地方。

　　嘉靖三十七年，明朝皇帝令各地舉薦醫學人才到北京太醫院填補缺額，楚王推薦了李時珍。太醫院是掌管醫政和為宮廷服務的御用醫療機構。關於李時珍在太醫院任職情況，缺乏確鑿的記載。據顧景星的《李時珍傳》，李曾任太醫院判，院判係太醫院負責人之一，六品。但後來朝廷應李的長子李建中之請，封李時珍為七品的文林郎、蓬溪縣知縣（都是空銜，不是實職）。後來所封的官按例不會低於先前所任的官，所以李任太醫院判一事，確否存疑。

關於他一年後託病辭去太醫院職務的真正原因，由於史料不足，也無從確知。但有一點值得指出來的，那就是：當時的最高統治者是歷史上出名昏淫無道的嘉靖皇帝，執掌朝廷大權的，是歷史上有名的大奸臣嚴嵩。在他們的統治下，朝政十分腐敗，官場裡一片烏煙瘴氣，就是太醫院這個清水衙門也不能例外。這種情況，對於秉性正直的李時珍來說，的確是難以久處的。李時珍辭職後，回到故鄉，除了行醫，把主要精力用於編寫早已著手的《本草綱目》。《本草綱目》大約是在明萬曆六年寫成的，但直至萬曆十八年才著手雕版印刷。雕版印刷先要把字雕刻在整塊的木製印板上，這是一件相當費時的工作，所以一部書往往要刻很久。

兩年後李時珍病倒了。他在病中仍盼望著《本草綱目》能早日刻成，但當快要刻成的消息傳來時，這位老人的病勢卻更加沉重了。萬曆二十一年，李時珍與世長辭，終年 76 歲，遺體安葬在蘄州東門外雨湖的南岸。

李時珍一生除了研究本草外，他在脈學、診斷學以及其他一些中醫理論方面，都有深湛的造詣，並有不少專著。現存的有《瀕湖脈學》、《奇經八脈考》和《脈訣考證》。此外如《醫案》、《五臟圖論》、《三焦客難》、《命門考》和《白花蛇傳》等，都已失傳。李時珍還是一個詩人，寫過《所館詩》、《詩話》，可惜也都已失傳了。

李時珍遺留給後人的著作，價值最大、影響最深遠的，是他的醫藥學巨著 ——《本草綱目》。

《本草綱目》的內容概要

《本草綱目》共 52 卷，收載藥物 1,892 種。全書可以分成以下三個部分：

一、《本草綱目》的序言、凡例、目錄和附圖

由於《本草綱目》在國內翻刻過幾十次，所以各種刻本的《序言》也不完全一樣，但一般都收有初版時王世貞所寫的《本草綱目序》。和李建元寫的《進本草綱目疏》。《進本草綱目疏》轉述了李時珍臨死前寫的準備上奏皇帝的《遺表》的部分內容，陳述了李時珍一生勤奮編纂《本草綱目》，「歷歲三十，功始成就」的經過。

卷首除了序言和《進本草綱目疏》以外，還有全書 52 卷的目錄，說明編寫的方法、體例的《凡例》，以及附圖。

《本草綱目》共有附圖 1,160 幅。在《本草綱目》初次刻本中曾有「李建元圖」的記載，可以推測這些藥物圖大約是李建元畫的。這些圖雖然不算十分精美，但都比較清楚、真實，對於識別藥物和防止藥物相互混淆，有一定的科學價值。

二、《本草綱目》的《序例》和《百病主治藥》

《本草綱目》第一、二卷是《序例》部分。《序例》首先簡明、扼要地介紹了 41 部歷代諸家本草，這些都是李時珍編寫《本草綱目》的主要參考書。《序例》中還列有「引據古今醫家

書目」和「引據經史百家書目」，這些也是李時珍編寫《本草綱目》時的參考文獻。

《詩經》是中國最古老的一部民間歌謠集，其中記有到現在還應用的藥物五十餘種，如妄（貝母）、艾（苦艾）、莣薏（車前子）等。《爾雅》是中國古代解釋詞義的書，共收載了各種動植物約三百種，其中可供藥用的有四十種。司馬遷《史記》中這方面的資料就更豐富了；其中講到漢文帝召見當時有名的醫學家淳于意時，淳于意敘述的二十五個病人的病歷記載 ——「診籍」，這是中國現存最早的醫案記錄。這些古籍中的有關資料，李時珍都充分採用，正如他自己說的，「上至墳典，下至傳奇，凡有相關，靡（無）不收採」。

序例中還一一列出了《本草綱目》從歷代各種本草中收錄的藥品數目。例如：從陳藏器《本草拾遺》收入了 369 種，這是收錄最多的；從《神農本草》收入了 347 種，次之；等等。李時珍自己發現、收集的藥物，則有 374 種。

為了便於後人學習，李時珍還從歷代醫藥學名著中摘錄了一部分祖國醫藥學的經典理論和有關知識，列入序例，以供查閱。例如：「神農本草經名例」、「五味宜忌」、「服藥食忌」等。其中「神農本草經名例」一節，把《神農本草》收載的 365 種藥物分為三類：能夠補養身體，無毒，「多服久服不傷人」的屬於上品，有 120 種；可以治病補虛，但有一些毒性的是中品，也有 120 種；專門用來治病但毒性大的為下品，共 125 種，使用一定要謹慎，不可久服。

《本草綱目》第三、四卷是「百病主治藥」。其中詳細歸納

第五章　隋、明、清科技名家

了當時認識到的各種疾病共 117 種，在每種病的後面開列了治療用的主要藥物。例如在「諸蟲」病項下，李時珍列舉了百餘種可以治療人體寄生蟲病的藥物：如使君子、扁蓄、烏梅、龍膽可以治蛔蟲，鶴風、檳榔、百部、榧子可以治蟯蟲等。這些藥現在一般統稱為驅蟲藥。李時珍當時就能了解這麼多驅蟲藥實在不容易。而且他還認為各種驅蟲藥對不同寄生蟲有選擇作用，所以應當因蟲選藥。又如在「失眠」項下，列舉了大棗、酸棗、硃砂、燈心草等藥物；在「痢疾」項下，列舉了白頭翁、綠豆、枳殼、馬齒莧；在「黃疸」項下列舉了茵陳、大黃、白鮮皮、苦參。這些記載，從現代醫學科學角度來看，大體上也都是正確的。

三、《本草綱目》的正文內容

由第五卷至五十二卷是《本草綱目》的正文和主要內容。這裡，李時珍把所收錄的 1,892 種藥物共分成 16 個部分；每部又細分成若干類，共 60 類；各類之下再分別列出所屬的藥物名稱；對每種藥物又按「釋名」、「集解」、「修治」、「氣味」、「主治」、「發明」、「正誤」、「附方」等八個方面加以解說。對這八個方面，下面略作說明。

「釋名」解釋各種藥物的名稱來由，並且列出該種藥物的別名。例如，白頭翁又名野丈人，那是由於白頭翁「近根處有白茸，狀似白頭老翁」而得名的；再如，夏枯草又名鐵色草，是由於「此草夏至後即枯」而起名的；遠志又叫細草，李時珍認為「此草服之能益智強志，故有遠志之稱」，等等。

「集解」專門介紹藥物產地、形態、採集等。例如夏枯草，「原野間甚多，苗高一、二尺許，其莖微方」，「開淡紫色小花」，花謝了以後就結出細小的種子。李時珍在這兒還批評了元朝的大醫學家朱丹溪觀察事物不夠細緻，因為朱氏曾講夏枯草是不結種子的。

「修治」該欄介紹藥物加工炮製的方法。中藥炮製是中國一門獨特的傳統製藥技術，藥材經過炮製加工可以降低毒性，提高臨床療效。李時珍十分注意研究各種藥物的加工炮製方法，除了引證諸家學說，綜述古來記載外，還特別重視調查當代的經驗，提出自己的看法。

石膏，古來只把它「打碎如豆大」，然後用絲綢包好就直接入湯藥了。石膏性很寒，會影響腸胃的功能。李時珍認為近年來人們都先用火來煅燒，或用糖拌炒後再入藥，這種方法好，因為經過煅炒的石膏不會影響腸胃的功能了。

同一種藥，炮製方法不一樣，加入的輔料不同，療效就會有差別。黃連味很苦，可以瀉火解毒，是治療目疾、痢疾等許多疾病的重要藥物。古來處理黃連，僅以布擦去鬚根，用水浸泡一下，取出後切片、焙乾，就供藥用了。李時珍認為根據病情不同，應該有不同的加工炮製方法：可以不加任何炮製而生用，也可以按照需要分別用豬的膽汁浸炒、《本草綱目》書影醋炒、酒炒、薑汁炒、鹽水炒、樸硝炒、黃土炒，然後再使用，這樣可以增加療效。例如，用來治上焦（身體上部）的病，就可以先用酒炒；治中焦（身體中部）的病，就用薑汁炒；治下焦（身體下部）的病就用鹽水和樸硝炒；黃連治食積，最好是

用黃土炒後再入藥。

「氣味」氣味本來講的是食物的味道、性質，中藥為什麼也談氣味呢？原來上古時對藥物與食物還分不太清楚。最古的本草書《神農本草》中所列的上品藥就有許多是今天常用的食品。隨著醫學日益發達，本草才逐漸分為食用本草和藥用本草。明代編寫的《食物本草》、《食鑒本草》都是典型的食用本草，而《本草綱目》基本上屬於藥用本草。由於藥用本草和食用本草本來是一家，所以藥用本草仍沿用了「氣味」這個詞。在《本草綱目》中，氣味指甘苦鹹酸澀，寒溫涼平（平指不寒不溫），有毒無毒等特性。如甘草，甘平無毒；知母，苦寒無毒；五味子，酸溫無毒；迎春花，苦澀平無毒；翦草，苦涼無毒；桔梗，辛微溫有小毒；旋覆花，鹹溫有小毒；銀朱，辛溫有毒；附子，辛溫有大毒；等等。

「主治」列舉這種藥物治療的主要病症。例如：五味子可治瀉痢，生津止渴；白及可以治癰腫惡瘡、白癬、瘰疾、跌撲損傷等。李時珍在這一欄中所列內容雖豐富，資料卻比較龐雜。像當歸名下所列的主治病就有十多種，到底哪一種是主要的呢？這樣往往就使人不得要領。這是《本草綱目》的一個缺點。

「發明」這一項記錄了李時珍和歷代醫家對一些藥物研究的心得體會。例如黃連，李時珍引述了歷代名家對黃連藥理作用的一些不同的看法，最後得出了自己的結論：黃連雖無毒，但性質太寒，所以不宜長久服用。

「正誤」糾正過去本草書中的一些訛誤。例如前面提到的，舊本草誤認蔄菇和女蔄是一物。李時珍就在《本草綱目》所載

萎蕤的「正誤」欄下指出：「古方治傷寒風虛用女萎者，即萎蕤也，皆承本草之訛而稱之。諸家不察，因中品有女萎，名字相同，遂致費辨如此。今正其誤。……其治泄痢女萎，乃蔓草也，見本條。」

「附方」專門收錄以該種藥物為主的經驗藥方。中醫的處方是很有講究的，一種藥配方不同，功效也就不同。只講藥，那就只能單獨了解一味藥，沒有藥方，或方劑組合得不合適，藥也就不能夠發揮作用。有了好的藥方，才能把藥物與臨床實踐緊密地結合起來。《本草綱目》共收載了歷代經驗藥方 11,096 個，其中 8,160 個是李時珍親手收集的，約占全部的附方 3/4。「附方」很有實用價值，是《本草綱目》的重要內容。

以上八項，每種藥物名下不一定項項俱全，有的多幾條，有的少幾條。例如，人蔘這味藥八項俱全；百合由於曬乾後即可供藥用，不需特殊加工炮製，所以缺「修治」一項；棚梅由於收集的資料比較少，僅有「集解」、「氣味」、「主治」三項。

就《本草綱目》全書來看，正如李時珍在凡例中所講的，是「以一十六部為綱，六十類為目」。而就每一樣藥品來看，則以這種藥的名稱為綱，而以其他八項解說為目。由於這種編排方法提綱挈領，綱目分明，正文前又有豐富的資料便於查閱，所以既可由病症來尋找所需用的藥物，又可由藥物來尋找可供選擇的方劑，使用起來十分方便。

賈思勰

傑出的農學家賈思勰

賈思勰，北魏末期人，他的老家在現在的山東。他出身於地主家庭，後來做過高陽郡（郡治在今河北高陽）太守。

賈思勰雖然是地主家庭出身，但他與當時一般地主子弟和讀書人不同。這些人輕視勞動，並且喜歡作毫無實用的空談，而賈思勰則十分注重生產事業，有著發展生產和富民強國的熱切願望。因此他十分重視農業生產。他認為對發展生產事業有貢獻的人才是最值得尊敬的。他很推崇西漢時候的龔遂、召信臣，東漢時候的王景和三國時候的皇甫隆等人，向別人介紹他們的事蹟，希望大家，特別是做官的人，向他們學習。

他說，龔遂在當渤海（郡治在今河北滄州）太守的時候，獎勵百姓努力耕田養蠶，發展生產。他要那裡的百姓每人種一棵榆樹、五十棵蔥、一百棵薤、一畦韭菜；每家養兩隻大母豬，五隻母雞。有帶著刀、劍之類東西的，他就叫賣了去買牛。在春季和夏季，大家必須到田裡去勞動；秋冬裡要評比收穫積蓄的成績，並讓大家收集各種果實。由於龔遂獎勵生產，當時原是生產比較落後的河北東部一帶，便逐漸富裕起來，百姓生活有一定程度的改善。

召信臣也是西漢時候一個注意發展生產事業的官員。他在當南陽（郡治在今河南南陽）太守的時候，常親自拜訪鄉里勸

大家努力耕種。他又十分重視水利事業，到處考察水道和水源，領導南陽百姓開闢了大大小小的渠道，造起了幾十處攔水門和活動水閘，使農田有水可以灌溉。南陽的農業因而得到發展，百姓生活因而也獲得改善。

東漢時候治理黃河出名的王景，尤其受到賈思勰的崇敬。王景領導農民在黃河下游築堤防水，使得當時黃河兩岸居民不受水災的痛苦。不用說，這是一件有利於發展生產的巨大事業。但最使賈思勰佩服的，還是王景在當廬江（郡所在今安徽廬江）太守的時候，他把北方用鐵製造的農具介紹到南方去，並在那裡推廣了用牛耕地的方法。這就大大增強了當地百姓與自然抗衡的力量，許多荒地開墾起來了，已耕的土地也比以前耕作得精細了。

賈思勰也很佩服三國時候在敦煌當過太守的皇甫隆。皇甫隆初到敦煌的時候，那裡的百姓還不知道用犁和耬之類的農具，因此費力大而收穫少。皇甫隆向當地的農民介紹了犁、耬等等農具，改進了農業生產技術，提高了農業生產。

在封建社會裡，絕大多數的官吏都貪汙腐化，他們只顧搜括民脂民膏，根本不顧百姓的死活，像龔遂、召信臣、王景、皇甫隆等那樣注意發展生產事業，關心百姓生活的人是不多的。中國農業生產事業的發達，以及先進生產技術由中原推廣到邊疆，由黃河流域推廣到長江流域和更南的地帶，這當然是廣大農民的偉大智慧和辛勤勞動的結果，同時也是與這些人努力總結經驗，推廣進步的耕作技術分不開的。賈思勰深受他們的影響，把他們看作是自己的榜樣。

第五章　隋、明、清科技名家

　　賈思勰非常重視勞動生產，而卑視不參加勞動生產和不懂得勞動生產的人。他在《齊民要術》的序文裡引經據典地說：一個農民不耕種，可以使一些人饑餓；一個婦女不紡織，可以使一些人挨寒受凍。又說：人生要勤懇勞動，勤懇地勞動就可以不至於窮困。當然，由於時代和階級的限制，賈思勰在當時不可能看出百姓的饑餓和貧困是由於封建地主階級的剝削，但是他主張勤勞生產這一點是很對的。對於像孔子那樣在封建社會被尊為聖人的人，他也指出不懂得生產勞動是孔子的一個缺憾。他說：當孔子的學生樊遲向孔子請求學習耕田的時候，孔子因為沒有親身經驗，便回答說：我知道的不如老農。這就是說，像孔子那樣有智慧和聰明的人，學問也有不到家的地方，也有一些事情是不會做的。因此，他要求人們要善於學習生產實踐方面的知識。賈思勰特別強調生產實踐的重要意義。他說，哪怕你有禹和湯那樣聰明，但是還不如老老實實地參加實際生產的人高明。他譏笑那些只有書本知識，沒有實際生產知識的人說：四肢不勤，五穀不分，那不能算是有學問的。他從年青的時候起，就養成了注重實踐、謙遜謹慎和踏踏實實的作風，他的治學態度是非常嚴謹的。

　　賈思勰既然是具有這樣的品德的人，他做高陽太守的時候，自然和騎在百姓頭上作威作福的貪官汙吏完全不同。他關心百姓的生活，注意發展生產事業，同情百姓的痛苦。他下定決心一定要作一個「好官」。他說：聖人不以自己的名位不高為可恥，只是憂慮百姓的貧困，獎勵生產就可以使百姓擺脫窮困。他除了獎勵生產以外，還親身參加勞動。當時，黃河流域

的百姓，常常把養羊作為副業，賈思勰也在家裡養了一些羊。他以自己的實際經驗來幫助農民改善養羊的方法。《齊民要術》裡介紹的怎樣使羊吃得又飽又好，怎樣使羊不受凍，怎樣使羊長得肥壯，和剪取羊毛等等方法，大部分都是賈思勰由親身體驗中得來的。賈思勰為了提醒養羊的人注意貯藏飼料，還用自己在養羊中的一段失敗的教訓來作為說服材料。有一年他養了二百頭羊，因為沒有注意貯藏足夠的飼料，結果許多羊在冬天餓死了；熬過了冬天的羊，也因為沒有吃飽吃好，大都半死不活，並且滿身長了癬瘡。

賈思勰很接近農民群眾，常跟他們談論生產上的事情。他虛心地向農民請教，尤其是注意向老農學習生產上的經驗和知識。那時候，在黃河流域居住著漢人、氐人、羌人、羯人、鮮卑人和匈奴人。各族百姓在生產中相互學習，相互交流生產經驗。經過他們長期的辛勤勞動，北方遭受戰爭嚴重破壞的經濟逐漸恢復和發展起來，各族百姓在耕種、畜牧、種植樹木方面都積累了非常豐富的經驗。賈思勰很看重這些經驗，把它看作是保證百姓生活的重要方法，他下決心要把這些經驗總結起來，傳播出去，以發展祖國的農業生產，這樣，他就下定決心，寫成了這本《齊民要術》。

《齊民要術》和它的內容

賈思勰為什麼把自己寫成的這一部書叫做《齊民要術》呢？「齊民」這個詞兒，用現代語言翻譯出來，就是「平民」或

「百姓」的意思，「要術」就是謀生的主要方法。「齊民要書」四字合起來的意思，就是「百姓群眾謀生的主要方法」。

《齊民要術》的材料，是從各方面得來的。賈思勰大量引用了古書上有關農業方面的材料。他引用《詩經》上的材料就有三十條，其中有些記載著西元前十世紀到六世紀的生產經《齊民要術》書影驗。有的古書早就散失了，幸虧《齊民要術》大量引用，才保存了一些下來。上面提到的農學家氾勝之的《氾勝之書》就是這樣。現在中國科學家研究這部傑作，就把《齊民要術》中所引用的文字，作為很重要的參考材料。《齊民要術》引用的古書，多到一百五六十種，可見賈思勰對古代的農學遺產的繼承是花費了很大的勞動的。

賈思勰除了引用古書上記載的農學知識，加以消化，並且融會貫通以外，還花費了很大的功夫和力氣，來整理和總結前代書籍上沒有記載過的寶貴生產經驗。這主要就是他很注意採集民間的歌謠和諺語，從這裡面尋求有用的農業知識。例如在種麻方面，《齊民要術》裡有著「夏至後，不沒狗」這樣一句謠諺。這句謠諺的意思就是說，過了夏至種的麻，連狗那樣高也長不到，所以種麻一定要在夏至以前。用非常簡單的語言，道出了農民的寶貴經驗。賈思勰注意蒐集民間謠諺，正是由於他懂得有關於農業的謠諺是農民寶貴生產經驗的結晶。

賈思勰知道，要總結和整理農業知識和技術，單靠蒐集古書上的材料和民間謠諺還不夠。因此，他還訪問了許多有經驗的老農，向他們請教，吸取了許許多多的實際生產知識。不但如此，賈思勰還用自己親身的實際觀察和生產實踐，來檢驗古

書上記載的和當時農民的生產經驗。

由此可見，《齊民要術》中的話，每字每句都不是隨便寫下來的，而是有來歷、有根據，經過實踐檢驗過的。這就是《齊民要術》所以成為中國農業科學發展史上不朽著作的原因。賈思勰的這種總結前人和當時農民的生產經驗、注意生產實踐、虛心求教的實事求是的態度，是後代學者們的模範，是值得發揚的。

《齊民要術》這本書篇幅雖然不很多，內容卻十分豐富。全書九十二篇，分成十卷。第一卷和第二卷記載著農作物的耕種和穀類糧食作物、纖維作物和油料作物的栽培方法，第三卷是關於蔬菜的栽培方法，第四卷和第五卷是敘述木本植物、果樹、林木和染料作物的種植方法，第六卷裡是講畜牧和養魚的技術，第七、八、九卷是關於食品的加工製造和保存的方法，以及家庭手工業等，第十卷是關於北朝統治地區以外出產的農作物。有人說《齊民要術》這部書集我們祖先從西周到北魏的生產知識的大成，這種說法一點也不過分。

《齊民要術》這本書說明，早在超過 1,400 年前，中國農業生產技術已經達到了當時世界的最先進的水準。

《齊民要術》不僅總結了當時以及以前漢族百姓的生產知識和技術，也記錄下了各兄弟民族寶貴的生產經驗，以及各族百姓間生產經驗互相交流的情況。例如有關養馬、餵羊和製造乳酪的方法，就是兄弟民族的寶貴經驗，而作物栽培的知識和技術，則是由漢族百姓傳給各兄弟民族的。這說明中國大家庭裡各族百姓是如何融合在一起的，也說明了各族百姓在生產事

業的發展中，都發揮了很大的作用。

一、不誤農時，因地種植

賈思勰在《齊民要術》裡總結了我們祖先哪些重要的生產經驗呢？

首先，賈思勰指出：農作物的栽培和管理，必須按照不同的季節、氣候和不同的土壤特點來進行；也就是要不誤農時，因地種植。這是貫穿在《齊民要術》中的一條根本原則。他說：順隨天時，估量地利，可以少用人力而得到較大的成功，要是根據人的主觀辦事，違反自然法則，只會多花費勞力而很少收穫。換句話說，就是既要根據客觀條件和法則，又要善於利用客觀條件和法則。

賈思勰指出各種農作物的栽培都有一定的時候，他把最適宜的季節叫做「上時」，其次的叫做「中時」，不適宜的季節叫做「下時」，並且告訴大家不要錯過適宜的栽培季節「上時」。他又指出，種植各種作物的土壤條件，也各不相同。在《齊民要術》裡，賈思勰還根據實際經驗說明，同一種作物不僅在不同的土壤上使用種子的份量不能相同，並且同一農作物在上時、中時、下時下種，用種子的份量也有差別。這些原則，都是合乎科學的。

關於土壤條件對農作物的影響，賈思勰在《齊民要術》裡有許多很有意義的記載。他說：并州（治所在今山西太原西南）沒有大蒜，都得向朝歌（治所在今河南淇縣）去取蒜種；但是

種了一年以後，原來的大蒜變成了百子蒜（即蒜瓣很小很小的蒜）。并州蕪菁的根，像碗口那麼大，就是從別的地方取來種子，種下一年，也會變大。在并州，蒜瓣變小，蕪菁的根變大，是土壤條件造成的結果。這說明栽種農作物必須注意自然條件。

賈思勰用農民的生產經驗和他自己親身的實踐證明，農作物的「本性」並不是不能改變的。他拿四川的花椒移植到山東的情況做例子，說明花椒本性不耐寒，生在向陽地方的，冬天要用草包裹起來，不然就會凍死；但生在比較向陰地方的，因為從小就經受寒冷，獲得了耐寒冷的習性，冬天就可以不必包裹。這就是說，植物的本性在不同的環境下是可以改變的。從這裡，可見我們祖先早就從生產實踐中知道了植物遺傳和環境的關係，也知道除了要重視自然條件以外，還可以「馴化」農作物。

二、精耕細作和保墒、搶墒

在耕作方面，賈思勰很注重精耕細作。上面提到的西漢農學家氾勝之就主張地要耕得深、鋤得細，下種後要注意澆水施肥，要鋤去雜草等等。賈思勰接受了氾勝之的思想，並且總結了當時農民的實際經驗，加以發展，更明確更詳細地說明應該如何進行精耕細作。

賈思勰在《齊民要術》裡說：地一定要耕得早，耕得早，一遍抵得上三遍，耕遲了，五遍抵不上一遍。他又說：耕地要深，行道要窄。也許有人要問，耕得太窄不是就會耕得慢麼？

是的，行道窄，自然要慢一些。但是，如果行道耕得太寬了，就會耕得不均勻，深一處，淺一處；而且耕牛因為用力太多，也容易疲乏。

賈思勰為什麼這樣重視深耕呢？原來農民的經驗告訴他，植物和人一樣，人要長得健壯，就得吃好吃飽，營養豐富，耕得深，莊稼的根就能扎到很深的地裡去，吸取較多的養料和水分。這樣莊稼就不怕乾旱，能長得又肥又壯。

賈思勰又根據農民的經驗指出：耕完地以後，就要立即把土鋤細和耙平，經過幾次鋤、耙，才好開始播種，當綠油油的穀苗長出田壟以後，還要反覆地鋤地。這不是為了把地裡的雜草鋤去，而是要使土壤松勻，土壤鋤得越疏鬆均勻，農作物就越容易吸取土壤中的養分。所以，《齊民要術》裡說：切不要看到地裡沒有了雜草就停止鋤地，要反覆不停地把土壤鋤松鋤細，鋤的遍數越多，結出來的子粒就越是飽滿肥大，等穀苗長到約一尺高以後，還要用一種名叫鋒的古農具去鬆土。可見我們祖先很早就十分注意深耕細作了。

1,400 年前，我們的祖先已經很注意水的供給來增加農業生產。黃河流域在當時是乾旱地區，因此，怎樣防旱、保墒實在是一個十分重要的問題。我們祖先在保澤保墒方面也積累了豐富的經驗。遠在西漢時候，我們祖先已經很注意水利灌溉，用河水或井水來灌溉田地，使農作物得到充足的水分。到了南北朝的時候，我們祖先更加積累了許多保澤保墒的經驗，這也在《齊民要術》裡記載了下來。上面提到耕完地以後，就立即要把地耙平，為的就是保持地裡的水分，這就是保墒。

《齊民要術》裡也記載了我們祖先的「冬灌」的經驗。這就是把雪緊緊地耙在地裡，或把雪積成大堆，推到栽下種子的坑裡去。這是為了防止大風把雪刮走，使地裡有充足的水分。這樣，春天長出來的莊稼就會特別旺盛。

《齊民要術》裡還要大家注意搶墒。農諺說，「早種一日，就能早收十天」。這就說明搶墒的重要。黃河流域在春末夏初播種的季節裡，雨量很少，經驗告訴我們的祖先，必須趁雨播種。《齊民要術》總結當時的經驗說，穀物的播種，最好是在下雨之後。雨小，如果不趁地溼下種，苗便得不到充足的水分，就不容易長得健壯。但是，遇到雨大就不能這樣做，因為雨太大，地太溼，雜草就會很快地長起來。同時，穀物也不適宜在過溼的土地上生長。這就要在地發白後再下種。從這些地方可以看出我們的祖先是很善於和自然作鬥爭的，他們並不是機械地搬用經驗。這樣保墒保澤的經驗，即使在今天來說，也是很寶貴的。

三、選種和浸種催芽

只要參加過農業生產的人，都知道選擇優良品種的重要意義。遠在西漢時候，我們祖先就很注意選種和保藏種子，並且積累了寶貴的選種、藏種的經驗。穀物成熟的時候，要把粒大穗大的摘下留作種子。摘下來的種子要掛在高燥通風的地方，吹得很乾很乾，然後藏在竹器或瓦罐裡面。最好和上一些干艾，防止種子生蟲。到南北朝的時候，選種和藏種的經驗更加豐富了。《齊民要術》裡告訴我們：如果不選種，不但莊稼長

不好，種子還容易混雜。種子混雜了，就會給生產帶來很多麻煩，不但出苗會遲早不齊，穀物成熟的時期也不一樣。在春碾糧食時，有的還沒有熟，有的春碾過度，不但難得均勻，回收率也會減少，煮起來也會夾生不熟，很不好吃。

關於選種的方法，《齊民要術》裡說，不論是粟、黍、秫、粱，都要把長得好的、顏色十分純潔的割下來，掛在通風乾燥的地方。到第二年的春天打下來，單獨種在留種地裡，準備作下一年的種子用。留種地要耕作得特別精細，要多加肥料，要常常鋤地，鋤的遍數越多，結的子粒就越結實，才不會有空殼。種子收回來後，要先整理，並且要埋藏在地窖裡，這才可以防止種子混雜的麻煩。

在收取瓜種方面，《齊民要術》記載了一個非常寶貴的經驗。它說：瓜種要揀取「本母子」瓜裡的種子。所謂「本母子」瓜，就是最早結出來的瓜，它裡邊的種子，出苗早，結瓜也早。但並不是「本母子」瓜裡的全部瓜子都是好種子。《齊民要術》裡說，要截去瓜的兩頭，揀取中間部分的種子。因為中間部分的瓜子要比兩頭的大，在它的子葉裡貯藏的營養料比其他瓜子多。因此，這種瓜子長的瓜秧比較旺盛，結的瓜也好。現在，中國農民留瓜種，一般是留取早輩瓜子，在北方某些地區，揀取瓜種有時仍參考《齊民要術》裡所記載的辦法。

《齊民要術》裡也記載著浸種催芽的方法。當時雖然還不懂得用鹽水浸種，但已經知道用水浸種了。《齊民要術》裡說，在播種前二十天，就應該用水淘洗種子，去掉浮在上面的米比子，曬乾後再下種。也有讓水稻浸到芽長二分，早稻浸種到芽

剛剛吐出時,再播種的。

四、施肥和輪作、套作

我們的祖先從長期的生產實踐中懂得,要想獲得好的收成,除了深耕細作、保墒、選種以外,還得注意施肥和輪作,使農作物有充足的養料。氾勝之是很注意肥料的作用的,他在《氾勝之書》裡介紹了一種豐產的經驗,叫做「區田法」。他說,區田法可以使莊稼獲得足夠的肥料,不一定好地才能獲得高產。到南北朝時,我們的祖先不僅重視使用糞肥,而且積累了使用綠肥的經驗。《齊民要術》裡說,秋天的時候,要是耕種長著茅草的土地,最好讓牛羊先去踐踏,然後進行深翻。這樣,草被踏死了,深翻後埋在地裡可以作肥料。在沒有茅草的地裡,秋耕時也要把地裡的雜草埋到地裡去,第二年的春天草再長出來時,要再把它埋到地裡去。這樣,經過耕埋青草的土地,就像施了糞肥的土地一樣肥沃,長出的莊稼就會又肥又壯。

《齊民要術》裡還記載著我們祖先栽培豆科作物作為綠肥的經驗。書裡說,用過豆科作物做綠肥的地裡,如果種上穀子,每畝可以收到很大的產量。《齊民要術》裡也提到用圍牆和城牆的土作肥料的辦法。直到現在,這些辦法對中國農村的積肥造肥,也還是很有用處的。

早在西漢時候,我們的祖先就提出過用休耕和代田法來恢復土壤的肥力。代田法是用犁在田裡犁出一條一條寬一尺深一尺的甽,犁出來的土堆在兩甽的中間,成了一條一條高起

的壟，壟也是一尺寬。穀物的種子撒在剛裡，在穀苗生長的過程裡，逐漸把壟上的土和草培在苗根上，等到夏天，壟上的土培完了，穀物的根就扎得很深，既耐風又耐旱。到莊稼收穫以後，再把原來是壟的地方犁成剛。第二年就在新犁的馴裡種東西。這種耕作方法可以使一部分土地得到休閒，地力容易恢復，產量因而也高。到了北魏的時候，我們祖先又進一步創造了輪作的方法。他們懂得土壤裡含有各種各樣的養分，而每種作物都各有幾種特別需要的養分，因此，如果只種一種作物，就會使土壤中的養分供給發生缺陷的現象。實行輪作，種植的農作物常常更換，就可以避免這種現象，因而也就提高了土地的利用率。《齊民要術》裡詳細地討論了輪作的方法。它說：有的農作物連栽不如輪作，麻連栽就容易發生病害，降低麻的品質。接著又討論了哪一種作物的「底」最好是什麼。什麼是「底」呢？就是我們所說的「上茌」。書裡說：穀物的「底」最好是豆類，大豆的「底」最好是穀物，小豆的「底」最好是麥子，瓜的「底」最好是小豆，蔥的「底」最好是綠豆。可見我們祖先當時對輪作已有比較深刻的認識。這種用輪作發揮地力和培養地力的方法，現在仍舊是值得我們重視的。

賈思勰還在《齊民要術》裡總結了我們祖先實行套作制的經驗，認為這對於提高土地利用率大有好處。他說，蔥裡可以套種胡荽，麻裡可以套種蕪菁等等。這個套種法是我們祖先在耕種技術上的創造。

五、果樹栽培

《齊民要術》也總結了我們祖先在栽培果樹方面的寶貴經驗。

賈思勰說，果樹的種類很多，有的耐寒，有的歡喜潤溼，有的在冬天結實，有的要在風和日暖的時候才開花結果。各種果樹的特點既然各不相同，栽培的聲法也不能一樣，不能以適合一種果樹的方法死搬硬套地應用到別的果樹上去。例如李樹、林檎樹用播種移栽的方法，最好是扦插；梨樹則用嫁接的方法最為適宜等等。

在果樹的蕃植方面，《齊民要術》裡列舉了培育實生苗、扦插和嫁接三種方法。

賈思勰根據農民的經驗，指出培育實生苗首先要注意留下味最好的和最肥大的果實作為種子。他認為這是一個根本原則。

在這以外，他還提出了幾種極有意義的方法。關於桃樹，他說：桃子熟的時候，連果肉一起埋到糞地裡，到第二年春天再把它移到種植的地上去，這樣桃樹的成熟早，三年便可以結果，因此不必用插條來扦插。要是不把種子放在糞地裡，植株不會茂盛；如果就讓桃樹留在糞地裡生長，果實不會大而且味苦。

關於栗樹，他說：栗子剛成熟，剝出殼以後，立即埋在屋內的溼土裡面，並且一定要埋得深，不要讓它受凍；剝出來留了二天以上，見過風和太陽的，就不會發芽。

第五章　隋、明、清科技名家

　　《齊民要術》也很重視用扦插的方法來蕃植果樹，認為這個方法可以使果樹提前結實。他說：李樹性堅，長得慢，要五年才結實，所以要用扦插。扦插的李樹，三年便可結李子。

　　扦插可以使果樹提早結實是很有道理的。因為用來扦插的樹枝，一般是由靠近地面的老枝上剪下來的，它已經有一定的年齡了。如果已有二歲的年齡，那麼扦插以後再過三年，便是五歲，正好是開始結實的時候了。

　　賈思勰在《齊民要術》裡很細緻地總結了嫁接果樹的方法。以梨樹為例，他說，嫁接法可以使梨樹結實早，而且梨肉細密。嫁接梨樹最好用棠樹或杜樹作砧木。砧木要揀粗壯一些的，嫁接最好在梨樹剛剛發芽的當兒，至遲不能遲到快要開花的時候。

　　嫁接時首先要注意防止砧木發生破裂，所以最好在樹樁上先纏十幾道麻繩，再用鋸子在離地五六寸的地方截去它的上部。為了避免受大風的吹刮，樁不能太高；但高一些也並不是沒有好處，因為樁高，梨樹就可以長得快一點。所以樁留得高的，最好四周用土或別的東西圍起來，以免因大風而發生破裂。

　　其次，嫁接的樹枝要注意在向陽的一面剪取，因為向陽一面的樹枝能夠結較多的果實。

　　再次，插枝的時候要讓梨枝斜面的木質部和砧木的木質部接上，皮和砧木的皮連在一起。嫁接了以後要用絲棉把樹樁裹嚴，並且在上面封上熟泥。最好再用土掩蓋起來，只讓梨枝剛露出一點尖。此外，還必須經常澆水，使土地經常保持潤溼。

《齊民要術》裡講到扦插和嫁接可以使果樹提前結實，這就說明我們祖先在 1,400 年前，在農業實務中，對果樹發育階段的理論，已經有了認識。

賈思勰也很注意防止果樹遭受霜凍的損害。他總結當時的實際經驗，認為雨後初晴的秋夜，常常會出現霜凍。這時候就要在果樹園裡堆起雜草，點起火來熏，要使全園都有煙氣。這個防止霜凍的方法是合乎科學道理的。

六、牲畜飼養

在畜牧業方面，賈思勰也總結了許多有很高科學價值的經驗。中國很早就開始飼養馬、牛、羊等牲畜，但古書裡關於飼養方面的經驗的記載卻不多。這主要是因為黃河和長江流域的百姓，很早便以耕種為主，因而偏重於總結農耕方面的經驗。到南北朝的時候，北方的兄弟民族把他們豐富的牧馬、牧羊等經驗，帶到了中原地區來了，這就大大豐富了中原百姓在這方面的知識。

賈思勰根據當時人們的實際經驗，在《齊民要術》裡指出，畜養動物首先應該重視選種，要選擇最好的母畜來做種畜，不能隨隨便便讓不好的母畜繁殖後代。這說明我們的祖先很早就注意牲畜的遺傳性。

除此以外，《齊民要術》還很重視牲畜懷胎的環境，以及小牲畜出生後的環境對它們的影響。他說：最好把臘月和正月裡的羊羔留作種畜，十一月和二月的便次了一等。不是這幾個

月裡生的羊羔，毛不潤澤順直，骨架也小。因為八、九、十月裡生的羊羔，母羊在生它們的時候雖然很肥，但到冬天便沒有奶了，這時候青草已經沒有，小羊如何能夠養育得好呢？三、四月裡生的羊羔，這時候雖然有青草，但小羊還不會吃，並且氣候轉熱，母羊的奶也比較熱，他們只能吃母羊的熱奶，所以不好。五、六、七月分，羊羔熱，母羊也熱，熱上加熱，所以更壞。十一月至二月裡生的羊羔，因為母羊早已長肥了，有足夠的奶可以供給小羊，到母羊奶完的時候，青草已經生出，所以很好。

其次，賈思勰告訴我們要注意對肉用牲畜的閹割和掐尾。在一千五百年前，我們祖先雖然還不知道為什麼截去尾尖，豬就會長得特別肥大的道理，但當時已經發現了這個奇妙而有趣的方法了。《齊民要術》裡說，肉用的小豬，生下來第三天就要掐去尾尖，滿六十天再犍（閹割）；並且說，犍豬如果不掐去尾巴尖，不但容易得破傷風，而且會長得前大後小，只有掐去尾尖的豬，才會長得骨細肉多。現在已證明這是十分科學的。這又一次有力地說明，勞動百姓在生產實踐中所積累下來的經驗是最寶貴的。

在牲畜的飼養法方面，賈思勰在《齊民要術》裡總結了很多豐富的經驗。關於養馬，賈思勰指出：馬餓時可以餵給比較差的飼料，飽時再給好的，這樣馬可以吃得多，因而也可以肥壯。飼料要鍘得細，粗了馬吃了不會肥壯。給馬餵水也有一定的規則，「一日朝飲，少之；二日畫飲，則胸厭水；三日暮，極飲之。」就是說早上馬飲水要少，中午可以讓馬多飲一點；

到了晚上,因為要過夜,要讓牠盡量飲水。每次飲水之後,要讓馬小跑一陣,出汗消水。

《齊民要術》裡也記載了幾十個醫治馬病的方法。如發現馬「中穀」(消化不良),就用麥芽三升和在馬草裡餵馬。如果發現馬「中水」(鼻膿症),就把食鹽放進馬鼻裡去。這都是我們祖先由實踐中得出來的很有效的方法。

關於放牧羊群,《齊民要術》裡有許多有趣的記載,而特別著重於冬天藏草餵羊的方法。它說,冬天餵羊的方法最好是在地勢高爽的地方,用樹棒豎插起圓形的柵欄。在柵欄裡堆積乾草,任羊在柵欄外走動,不斷地抽草吃。這樣,羊到來年春天,就長得又肥又壯。否則,就是把一千車草扔給十隻羊吃,結果是大部分草被踩在地上給糟踏掉了,羊還是吃不飽。

大家知道,牧羊除了肉食以外,更重要的是剪取羊毛。《齊民要術》裡總結了剪取羊毛的經驗說,從三月到八月間,剪完羊毛後,要把羊好好洗刷乾淨。這才可以使以後長出來的羊毛又白又潔。但是,八月半以後剪毛,就千萬別再給羊洗澡了。因為這時節氣已經過了白露,印有賈思勰的郵票早晨和晚上的寒氣容易把羊凍壞。剪毛在什麼時候妥當,要根據各個地方不同的條件來決定。在黃河流域,八月間必須剪一次羊毛。如果不剪,毛長得黏連起來,這種羊毛就不能織氈子,就會造成很大的損失。長城以外或沙漠地區的羊,因為八月以後天氣漸漸冷起來了,就不宜剪毛,免得凍死。

隨著畜牧業的發展,中原一帶也就普遍製造乳酪,賈思勰在《齊民要術》裡介紹了「作酪」、「作乾酪」、「作漉酪」、「作

馬酪酵」和打酥油等方法。這些方法西晉以前在中原地區並不普遍，由於後來和北方各族百姓的大融合，這些方法才傳到中原地區來。

七、農村副業

我們祖先不僅在農業、林業和畜牧業方面取得很大的成就，而且在農村副業方面也積累了豐富的經驗。我們知道，中國是世界上養蠶最早的國家。相傳在四、五千年前，我們的祖先就發明了養蠶繅絲和織帛的方法。栽桑養蠶後來就成為黃河流域農民們的主要副業，他們積累了豐富的養蠶經驗。到西元五世紀的時候，我們祖先更發現了用低溫可以延遲蠶卵孵化的竅門。具體的方法是把蠶卵低放在長頸的瓦壇裡，蓋好壇口，再把它放在冷水裡面，這樣可以延遲蠶卵孵化的時期達二十天左右。在當時生產設備和科學技術很差的情況下，中國百姓竟能夠發現這樣巧妙可行的方法，這充分說明了中國勞動百姓勇於創造和具有高度的智慧。到北魏時候，我們祖先的養蠶繅絲的經驗更加豐富了。《齊民要術》總結當時的經驗指出，養蠶的屋子裡要溫度適宜。太冷蠶長得慢，太熱就枯焦於燥。因此，養蠶的房屋，冬天四角都得生火爐，屋子的冷熱這樣才會均勻。在餵蠶的時候要把窗戶打開，蠶見到陽光吃桑葉就多，也就長得快。這時候用柘樹葉養蠶也開始了，我們祖先也知道了柘絲質量很好，拿來作胡琴等樂器的弦，比一般的絲還強，發出來的聲音非常響亮。在《齊民要術》裡記載的柘蠶取絲的方法，可能是中國關於這方面的最早的文字記載。

我們的祖先也很注意用植物性染料把衣料染成各種顏色。例如《齊民要術》裡就記載了提取紅藍花中所含的色素作染料的方法。在採集來的鮮花裡加上從蒎藜或草灰裡取得的鹼汁，揉搗以後，濾出濃汁來，再往裡面放些酸石榴汁或酸飯漿水調勻，就成了鮮紅的染料。《齊民要術》裡還說到保存這種染料的方法：把花汁倒入一個小布袋裡，濾去裡面的清水，趁裡面留的染料半乾半溼的時候，捻成一片一片的小塊，再在陽光裡曬乾。這樣，不但保存方便，就算放的時間長一點也不會敗壞。

這種製造染料的辦法看來似乎很簡單，但我們如果想到當時因為沒有化學工業，沒有強酸濃鹼，我們祖先竟能想出了用酸飯漿來代替強有機酸，用草灰水來代替鹼質的辦法，要是沒有很高的才智和豐富的實際經驗是不可能的。

在《齊民要術》裡，我們也可以知道北魏時候，我們祖先已經有了非常豐富的使用「皂素」的經驗。在沒有肥皂以前，人們是用草灰、蒎藜灰的汁水，或是用豆科植物種子，如皂莢等來洗衣服的。書裡說，白綢的衣服用灰汁洗過幾次就壞了，不但顏色會變黃，而且衣服的質地也會變脆。最好是用小豆粉末洗白綢衣服，小豆粉不但可以把衣服洗得非常潔白，洗過的衣服還非常柔軟。《齊民要術》中的這個記載，是人類利用「皂素」最早的記載之一。

我們的祖先在釀造方面也取得很大的成就。賈思勰在《齊民要術》裡記載了釀酒、造醋、作醬、製豆豉、作蚱等等方法。

上面所介紹的，只是《齊民要術》內容的極少部分，但我

們已經初步知道，在 1,400 年前，中國農業科學已經達到很高的水準，賈思勰的《齊民要術》是一部有很高科學價值的著作。這本書裡生動地敘述了科學和生產的關係，有力地證明了「科學來自實踐」是一個顛撲不破的真理，全書還貫串著「科學必須為實務而服務」的精神。

賈思勰的《齊民要術》一書對以後的農業科學的發展有很大影響，他給以後的農學家樹立了一個榜樣。《齊民要術》以後，中國四種規模最大的農學著作，即元朝司農司編《農桑輯要》、王禎的《農書》，明朝徐光啟的《農政全書》和清朝「敕修」的《授時通考》，沒有一種不拿《齊民要術》做範本的。就是規模比較小的許多農學著作，如陳敷的《農書》、魯明善的《農桑衣食撮要》，也都受《齊民要術》的影響。

賈思勰總結了中國古代勞動百姓在農業上的許多偉大成就，保存了這樣豐富的農學遺產，的確是值得我們尊敬和紀念的。

王禎

王禎的生平

王禎是中國元朝時候一位著名的農學家。他是山東東平人。關於記載王禎生平活動的史料很少，因此我們對他的生卒年月以及經歷都不十分清楚。根據史書記載，僅僅知道他做過

兩任縣官，元成宗元貞元年，任旌德縣（今安徽省境內）的縣尹（縣長），在職六年。後來在元成宗大德四年調任永豐縣（今江西省境內）縣尹，做了多久，沒有記載。

王禎是個比較正直的官員，他在縣尹任內，為老百姓辦過一些好事。據《旌德縣誌》記載，他在六年的縣尹任內，一直過著極為儉樸的生活，從來沒有搜括過民財。他捐出自己的薪俸，辦學校，修橋樑，辦理很多公共事業。此外還兼施醫藥，救濟窮苦有病的人。他的這些行為受到當地百姓群眾的稱讚。

王禎在縣尹任內，經常鼓勵百姓種好莊稼。他在《農書》裡，對那些只知道魚肉老百姓不認真辦事的地方官進行了揭露。他說，這些人盡做壞事，妨害農時，並且無限制地盤剝百姓，自己盡情享樂；他們下鄉勸農（鼓勵農民努力生產），也是預先通知各社各鄉，約集聚會，要老百姓為他們供應差役；有的地方官還乘機敲詐，謊報勸農的功勞。王禎對這些人異常痛恨，他憤怒地斥責這些人：「名為愛民，其實是害民。」

王禎很想做一個能為國家辦事的好官，因此在他的《農書》裡，對古代興修水利、勸助農桑的地方官，如漢代潁川太守黃霸、渤海太守龔遂等人是極為推崇的。史書上稱這些人為「循吏」，意思就是奉公守法的「好官」。《史記》、《漢書》都有《循吏傳》。王禎認為地方官應當學習這些循吏的榜樣。

王禎認為，一個地方官，應該熟悉農業生產的知識。如果地方官自己對於農事沒有知識，那他又怎麼能夠擔負起勸導農桑的責任呢？因此，他平常很留心農事，隨時隨地留心觀察，積累了豐富的農業知識，終於寫成了有名的《王禎農書》。

第五章　隋、明、清科技名家

　　《農書》大約是王禎在旌德縣任內著手編寫的，先後經過好幾年，直到調任永豐縣尹後才編寫而成。西元一三一三年，王禎又為這本書寫了一篇自序，大約距成書時間已有十年。

　　《農書》內容豐富，涉及的範圍很廣，不僅僅限於旌德、永豐兩縣地域之內。王禎在這本書裡，還把南北農業的異同得失做了分析比較，提出了自己的見解。

　　元朝時候，除《王禎農書》以外，還留下《農桑輯要》和《農桑撮要》兩部著名的農書。在這一歷史時期裡，能夠先後產生這樣幾部農業科學著作，不是偶然的。首先是由於我們勤勞的祖先，在世世代代的長期生產實踐中，積累了豐富的農業生產經驗。遠在西元前五世紀的戰國時代，中國的農業生產技術就開始了精耕細作。從戰國到元朝初年又經歷了 1,700 多年。在這一漫長的時期中，農業生產的技術又不斷提高，生產的經驗更加豐富，農業生產也有了更大的發展。

　　元朝在統一中國的過程中，封建統治者逐漸看到農業生產有利於封建剝削。元世祖忽必烈在位的時候，開始採取了一些發展農業生產的措施，設置了勸農官，建立了專管農桑水利的機構司農司，因而對農書的編寫發生一些推動作用。但是這些農書的能夠編好，主要應當歸功於農民所掌握的生產技術，其次是這些農書的作者較好地總結農民經驗的辛勤勞動。

　　王禎不僅是中國古代著名的農學家，而且也是一位發明家。我們知道，中國在唐朝就開始採用雕版印書，但是雕刻木板是一件異常費事的工作。為了改進印書技術，在十一世紀的時候，傑出的發明家畢昇曾經發明了膠泥活字排印法。但是這

一方法並未得到廣泛的運用，所以宋、元時代的書籍，大部分還是用雕版印刷。王禎在編寫《農書》的時候，很想讓自己的書早日出版，因此就創造了木活字。

木活字排印法的程式是這樣的：先在木板上面刻上字，然後就用細齒的小鋸，把刻了字的木板一塊塊地鋸開，再用銳利的小刀修理成大小一樣異常整齊的四方形木活字，常用字往往還要多做幾個。木活字做好以後，把它們分別排列在兩個叫做韻輪和雜字輪的輪架上。韻輪就是按音韻的次序排列；雜字輪是排列一般的常用雜字和「之」、「乎」、「者」、「也」等作為語助詞用的字。檢字的人坐在兩個輪架的中間，只要轉動韻輪或雜字輪，就可以揀取到他所需要的字，以字就人，極為方便。木活字檢齊以後，就可以排版刷印了。一板印完以後，仍把木活字拆散，還原到輪架上去，以備下次使用。

王禎這套為數三萬多字的木活字，刻製了兩年才完成。刻成後，就在大德二年，試印他主編的《旌德縣誌》。全書六萬多字，不到一個月就印成一百部，比雕版印書的時間縮短了很多。

此外，他還設計和繪製了許多生產工具的圖樣。例如他在江西看到有一種茶磨，就根據同樣的原理，設計繪製成「水轉連磨」圖。水轉連磨是利用水力發動的機械。這種機械性能很好，每具可以灌溉農田一百畝；如果用來礱稻碾米，可以供給一千戶人家的食用。另外他還繪成「水輪三事」圖。水輪三事也是一種用水力發動的機械，一個大水輪可以同時用來磨麵、礱稻、碾米。

東漢時，南陽太守杜詩發明了水排，就是用水力鼓動排橐風箱，鑄造農具。但是由於時間相距太久，水排久已失傳。王禎就多方搜訪，終於弄清了水排的構造原理，並在原來的基礎上稍加變更，繪出圖來。

在他的《農書》裡，還有著許多各式各樣的工具圖譜。這些，都充分顯示了他傑出的創造才能。

王禎還是一位詩人。清代顧嗣立編輯的《元詩選》中，就收入了他的詩，稱為《農務集》。總之，王禎是一個多才多藝的人，但他主要的成就還是在農學方面。下面就把《農書》的主要內容及其特點略加介紹。

《王禎農書》的內容概要及其特點

王禎編寫的《農書》，通稱《王禎農書》。因為古農書中還有南宋陳的《農書》，明末沈氏的《農書》，用這樣的通稱便於區別。《王禎農書》是中國古農書中最有名的幾部農學著作之一。

《王禎農書》共有三十六卷，分為三個部分 —— 卷一至卷六是《農桑通訣》，卷七至卷二十六是《農器圖譜》，卷二十七至卷三十六是《穀譜》。《王禎農書》有幾種不同的本子，除上面談到的三十六卷本以外，還有一種二十二卷本。在後一種裡，把《穀譜》十卷並成四卷，《農器圖譜》二十卷並成十二卷，所以這種本子也是完整的，並不殘缺。

全書約計 136,000 多字，插圖 281 幅。

　　《王禎農書》有兩個非常突出的特點。首先是對農業作了比較全面而有系統的論述。在《農桑通訣》中，總論農業上一系列的問題，並隨時注意各問題之間的相互關係。在這以前，後魏賈思勰著的具有農業全書性質的《齊民要術》一書，雖然也談到不少問題，但涉及的地區僅限於黃河中下游一帶，而且主要是分別敘述各項生產技術，沒有系統地總論其中所包含的問題和原理。南宋的《陳農書》，開始對栽培總論和農業經營作了比較完整的系統性的討論，但作者是從農業經營者的立場出發，探討的範圍較狹，而且地區僅限於江浙一帶。《王禎農書》是第一部兼論南北，企圖從全國範圍內對整個農業作系統性的討論，並把南北農業技術及農具的異同、功能，進行分析比較的農書。

　　在問題的提出和表達方法上，《王禎農書》也力圖做到簡明概括和全面。例如在《農桑通訣》的《授時篇》裡，王禎繪製了「授時指掌活法之圖」，對曆法和農時問題作了簡明的小結。在《地利篇》裡，他對全國風土和農產，根據自己所了解的情況繪製了「全國農業圖」（可惜此圖現已失傳）。這兩個圖可以幫助讀者對這些問題作比較全面的了解。又如在《灌溉篇》裡，王禎指出中國的自然條件很好，如果能夠很好地注意興修農田水利；就可以防止和戰勝水旱災害，使得「國有餘糧，民有餘利」。在《農器圖譜》的《灌溉門》裡，他還談到水的綜合利用問題，主張把灌溉、航運、水力和水產結合起來。

　　《王禎農書》除總論性質的《農桑通訣》外，再配上各論性質的《穀譜》，有總論，有各論，系統分明。《穀譜》的各論，

有些像《齊民要術》的各論，但比《齊民要術》的分類更明晰，體例也比較整齊；而且《穀譜》的各論，幾乎對每一種作物的性狀，都作了說明，這在古農書中也是創舉。此外它又結合《農器圖譜》，對農具作了分類。這樣就使得這部書的內容更加全面，體例更加完整。

　　《王禎農書》的另一特點是《農器圖譜》的創作。《農器圖譜》約占全書篇幅的五分之四，插圖二百多幅，其中還有比較複雜的機械圖形。我們可以透過這些工具的形狀，進一步了解其構造。每幅圖都附有文字說明，清楚地介紹了各種農具的來源、構造和用法。在《農器圖譜》裡，幾乎羅列了作者所能夠看到的和農業有關的一切工具和零件。在它以前，論述農具的書，有唐代陸龜蒙的《耒耜經》，但是其中所介紹的農具，除犁以外，只兼及有限的幾種農具，而且沒有圖。南宋曾之謹的《農器譜》（已失傳）中所收農具的種類，也不及《王禎農書》多，也沒有圖。在它以後，明代的《農政全書》和清代的《授時通考》，雖有農具圖，但一般都是抄自《王禎農書》，不是自己的創作。可以說，《王禎農書》的《農器圖譜》是中國古農書中對農具記載得最完備的。

　　當然，《王禎農書》並不是完美無缺的，它也存在不少缺點，例如有些地方說得不夠明白透徹。書中還夾雜著一些迷信的說法，在《祈報篇》裡，就有不少封建迷信的文字。因此我們必須以批判的態度來對待這部農學遺產。

徐光啟

徐光啟字子先，號玄扈，上海人。徐光啟以其畢生的精力推動中國科學的進步，推動中西文化的融會與交流，殫精竭慮，鞠躬盡瘁。他在天文學、數學、農業科學、機械製造、軍事學等領域都卓有建樹。他的《農政全書》，與李時珍的《本草綱目》、宋應星的《天工開物》、徐弘祖的《徐霞客遊記》，同為明末科學的四大高峰。

種無閒地與種無虛日

土地生產率與土地利用率關係密切。在「盡地力」思想的指導下，中國古代土地利用率不斷提高，集中表現在以種植制度為中心的耕作制度的發展上。他相繼在天津、房山、淶水等地尋訪適宜屯田的地點，並最終選定天津做他的試驗場所。來到天津，他購置了一批雜草叢生的荒地，僱用了一些農戶開荒種地，他本人也親執農具，在田頭勞作。這些新墾殖的荒地被種上了小麥、水稻等農作物，獲得了較好的收成。徐光啟所關心的不僅僅是收成的好壞，而是利用屯田進行科學試驗，總結種植的經驗教訓。他十分重視調查研究，蒐集民間經驗。他時常布衣敝履，奔走於田野，向當地農民了解土壤、施肥和耕作方法等方面的問題，仔細筆錄下來，然後博考中外古今的農業典籍，再結合自己的實驗結果，寫成許多充滿科學精神的筆記。靠這種方法，他先後寫下了《宜墾令》、《北耕錄》等農書，

並借鑑前人成果創造了名為「糞丹法」的施肥方法。

　　經濟作物的種植培育也是徐光啟科學實驗的重要內容。赴天津之前，他曾寫信給家人索取各種花草和麥地冬、生地、何首烏等藥物的種籽，利用空地進行種植，還計劃用西方的製藥法加工提煉，製成藥露，既便於使用又便於保存。後來，他還打算把苧麻、蔓菁等南方作物引種到北方。歷史上北方曾經是主要的蠶桑產地，可隨著經濟重心的南移，江南桑蠶業後來居上，北方的桑蠶業反倒衰敗下去。徐光啟對北方的氣候、土壤等條件進行了考察，發現很適宜植桑養蠶，決心在北方試養試種，重振北方桑蠶業，推動北方經濟的發展。他特意叮囑在家鄉的兒子徐驥「養好桑椹，晒乾寄來」。

　　他在天津養蠶，頭蠶由於春旱取得成功，二蠶可能因為多雨，吃了溼葉，結果壞了。徐光啟就此總結出經驗，即要養好蠶，關鍵在於桑葉要乾，桑乾在天，人要與天爭時，這反映出既要尊重自然規律，又要因地制宜，創造條件的科學思想。徐光啟第二次屯田天津是天啟元年。這一年，他以練兵受挫，憤然辭職，復寓津門。在此期間，他寫了《糞壅規則》，記錄了北京、天津、山西、山東、江蘇、浙江、江西、廣東等全國各地老農、老兵和過往行人傳授的壅糞方法和他自己的施肥經驗，還保留了一些很有價值的筆記。可見，徐光啟的農學研究，不但注重試驗結果，還注意採集別人的經驗，兩者互相印證，一個環節一個環節的推敲，最後作出自己的判斷。這是徐光啟科學研究的一大特色。

　　《農遺雜疏》是徐光啟屯田天津所寫的另一部農學著作。

此書泛論糧、棉、果、蔬、農藝及牧畜技術，今已不傳。從散見的一些佚文中，可以看到大麥、蠶豆、柑桔、石榴、棉花、竹子等的種植栽培和肥豬法等方面的內容。如說蠶豆是百穀中最早成熟的，蒸煮代飯，炸炒供茶，無所不宜，而且不受蝗害，不為蟲蝕，可藏之數年，誠為備荒的佳種。還說大麥最宜久藏，可以多積。徐光啟把自己長期積累的經驗，採取通俗易懂的語言記錄在《農遺雜疏》裡，便於識字不多的廣大農民掌握和應用。他循循勸告農民採用先進的生產技術，實行多種經營，提高作物單產，積粟備荒，增強國家的物力財力，實現富國強兵的理想。在長期的科學實踐中，徐光啟收集積累了大量第一手材料，總結了許多珍貴經驗，這些都為他編纂《農政全書》奠定了堅實的基礎，他在這個時期取得的大量研究成果，也都在《農政全書》中有所反映。

誠然，由於徐光啟善於經營，也使他自己的經濟狀況大有改觀。他在天津開闢的土地大約在一千五百畝到二千畝之間，以與所僱用的農產四六分成計算，每年也有三四百石糧食的收入。但是，徐光啟畢竟是傑出的科學家，不像一般封建地主純粹過著不勞而獲的寄生生活，是專門消耗社會財富的蠹蟲。稍加分析就會發現，徐光啟的農業經營活動是從屬於他的農業科學試驗的，其動機是為了研究和推廣農業科學技術，推動社會生產力的發展，創造更多的社會財富。他不僅自己從事勞動，還把收穫的一部分投入到科學事業上，為擴大研究範圍和規模提供資金。因此，應該把徐光啟與那些專靠剝削為生的封建地主區別開來。

督練新兵，守城製器

　　徐光啟對軍事問題有強烈的興趣，這種興趣來自童年的經歷。前面說到過，在徐光啟的童年，他的故鄉屢遭倭寇蹂躪，生靈塗炭，民不聊生，他的家人也飽受流離之苦。從父親那兒聽到的抗倭故事，給少年徐光啟留下深刻的記憶。倭奴的凶悍殘暴，國家的積貧積弱，激發起他對倭寇的仇恨和對國勢衰敗的感憤。他的富國強兵思想最早也應該是從這個時候萌生的。研習舉業之餘，徐光啟瀏覽了許多兵家典籍，翰林院讀書期間也曾寫下了《擬上安邊御虜疏》這樣閃爍著真知灼見的館課文章。不過，他真正有機會統領軍隊，推行自己的軍事主張，卻是在很多年以後了。

　　明朝晚期，東北地區的女真族勢力不斷發展壯大，對明王朝的統治構成了威脅。萬曆四十四年努爾哈赤統一女真各部，建立了後金政權。其後二年，後金興兵南犯，相繼攻占明朝東北重鎮撫順和清河。明王朝統治者大為震動，廷議紛紛。禮部左侍郎何崇彥以「夙知兵略」舉薦徐光啟參預軍務，萬曆皇帝急召徐光啟入京。這時徐光啟正在天津養病，接到詔書，即刻啟程，抱病回到左春坊左贊善任上。萬曆四十七年三月，兵部左侍郎兼遼東經略使楊鎬率四十萬援遼大軍，出山海關後兵分四路向後金軍發起反擊，結果一敗塗地，還在剛剛得知楊鎬兵分四路出擊的部署時，徐光啟就指出「此法大謬」，後金兵必於諸路堅壁清野，集中兵力對付其中一路，並判定這一路必定是由山海關總兵杜松所率由瀋陽往撫順的明軍。局勢的發展完

全被徐光啟不幸言中，杜松在二度關遭遇後金精兵伏擊，全軍覆沒，其餘各路亦先後敗沒。至此，徐光啟心急如焚，連上三疏，痛切陳詞，闡明自己對挽救危局的看法和主張。

繼《敷陳末議以殄凶酋疏》、《兵非選練決難戰守疏》之後，局面急遽惡化，朝廷仍因循守舊，不思改弦更張，徐光啟於八月七日又上了《遼左阽危已甚疏》，籲請朝廷火速選練精兵，不可延宕誤國。在此疏中徐光啟提出了「正兵」的五條綱領：亟求真材以備急用；亟選實用器械以備中外戰守；亟行選練精兵以保全勝；亟造都城萬年台以為永久無虞之計；亟遣使臣監護朝鮮以聯外勢。這裡包括了選材、造器、練兵、建台、聯外五個方面，其中徐光啟尤為強調軍事人才的選拔與培養。他指出，國勢衰微，漸貧漸弱，關鍵的原因之一是朝廷在選拔人才上拘泥常格，因循積弊，結果是論資排輩，任人唯親，「用者未必才，才而用者未必當」。戰爭本來就是鬥勇鬥智，如果不是才力智計殊絕於人，就很難打勝仗。選拔人才的辦法是，由在京諸臣各自舉薦文武才略、絕技巧工之士，再經吏、兵二部考竅核實，根據其特長決定推升、改調或咨取，一一置之在京衙門和畿輔重地，以憑隨時調用。所舉人才建有奇功，舉薦人亦分別賞擢，若誤國敗事，舉薦人一併坐罪。倘若徐光啟的建議被採納，該會對用人問題上的弊端造成一定的遏制作用的。

徐光啟的建議起初並沒受到應有重視。後來因遼東危急，京城的安全也受到嚴重的威脅，眾臣紛紛推舉，萬曆帝才於萬曆四十七年九月頒旨：「徐光啟曉暢兵事，就著訓練新兵，防禦都城。」尋升徐光啟為詹事府少詹事，兼河南道監察御史，

管理練兵事務。徐光啟受領新職後，滿懷信心，於十月二十一日上《恭承新命謹陳急切事宜疏》，條陳有關練兵事項，包括關防、駐紮、副貳、將領、待士、選練、軍資、召募、徵求、助義等十款，希望能在財政和人員方面得到朝廷的支持。他曾設想挑選壯兵丁二萬人，在京營附近建築營房二千間，由工部和戶部各自支付兵器和糧餉費用若干，一面造器，一面練兵，一年之後這支部隊便可以投入使用。不料他處處受朝中權臣牽制，要人沒人，要錢沒錢，計畫雖好卻難以實施。

泰昌元年四月，徐光啟費盡周折才領到一點餉械，便風塵僕僕趕到通州、昌平，著手進行選練新兵的工作。當時供徐光啟訓練的新兵半雜老弱，身無完衣，面有饑色，他下決心裁汰老弱，只保留了一部分精壯兵丁，結合實戰陣法進行操練。但是由於萬曆、泰昌兩帝一年之內相繼駕崩，加上餉械不繼，缺少兵源，徐光啟的練兵工作遇到很大困難。天啟元年二月，他舊疾復發，再回天津養疴。不久因瀋陽、遼陽接連失守，禮部奏請襄理軍務，又奉旨返京。

還在昌平、通州練兵時，徐光啟曾經致信李之藻，要他前往澳門購置西方火器。李之藻派門人張燾赴澳門，向葡萄牙當局購買了四門大砲，並物色到炮手四人。時值徐光啟辭職，李之藻恐大砲落入敵手，留在江西不再北運。徐光啟復職後，重抄了練兵三疏進呈，請求恢復練兵計畫，並把製造火器放在首位。他看到，明朝軍隊原先在火器上的優勢，因為連戰皆輸，大量兵器被敵軍俘獲，已經轉化成為劣勢，只有大量鑄造火炮才能改變這種不利的態勢。他一邊把留在江西的大砲運到前

線，一邊力請多鑄西洋火炮，以資城守。他還推薦傳教士陽瑪諾、畢方濟堪任此事，請速訪求前來。然而好景不長，復職僅四個月，徐光啟又受到閹黨的攻訐，眼見練兵計畫付諸東流，他憤然辭職，回到上海弄他的農學試驗。

徐光啟的練兵雖因層層阻撓而告失敗，但也產生一些積極的效果。經過他訓練的新兵在遼東戰場作戰，顯示了頑強的戰鬥力，遠比一般的明朝軍隊出色。他引進的西方大砲在寧遠戰役中發揮了巨大的威力，其中的一門被天啟皇帝封為「安國全軍平遼靖虜大將軍」。在練兵過程中，徐光啟還留下了二十四篇《練兵疏稿》和《選練條格》一卷。《選練條格》共分選士、選藝、束伍、形名、營陣五章，在募選、訓練、指揮、戰法等方面都提出了一些重要思想。如關於選拔士兵，他提出「以勇、力、捷、技四者取之」。他特別強調軍隊要有嚴明的紀律，行動要一致，「如擂鼓要進，就赴湯蹈火也要進；鳴金要退，後面有水火也要退。眾人共一耳，共一目，共一心，此齊眾之一法，陣無有不堅，敵無有不破矣」。後來，徐光啟把他有關軍事問題的疏稿匯刻為《徐氏庖言》五卷，這是他留給傳統兵學的一份寶貴財富。

時隔八載，徐光啟再度投筆從戎。這時崇禎皇帝已經即位，懲治權閹魏忠賢，剪除了閹黨勢力。崇禎力圖刷新政治，任用賢能，恢復了徐光啟禮部右侍郎兼翰林院侍讀學士協理詹事府事的原職。其實此職是徐光啟辭官閒住時由魏忠賢之流封的，他並沒有到任。崇禎元年八月，徐光啟束裝就道，由上海到北京，覲見崇禎。次年四月升任禮部左侍郎，主持禮部日

常事務。九月他又受命督修新曆。正當徐光啟全力以赴地籌劃曆局事宜時，後金軍隊由皇太極率領揮師入關，圍困薊州，攻陷遵化、撫寧，威逼京師。崇禎二年十二月，後金兵攻入太安口，京師宣布戒嚴。半月後後金兵已攻至北京德勝門。兵臨城下，勢如壘卵，崇禎急忙召集群臣，商討退敵計策。徐光啟在召對中力主守城，得到皇帝的首肯。徐光啟隨即放下曆局工作，以主要精力從事火器製造和保衛京師的鬥爭。

　　年近古稀的徐光啟，滿懷愛國之情，日夜在城防上奔波，教練軍士，布置防務，饑渴俱忘，風雨不避。他制定的《城守條議》，就守衛京師作出了具體規劃。《條議》提出，應當動員廣大市民投入保衛京師的鬥爭。城中並不缺乏智勇奇士，應廣泛收求加以錄用。不論是勇力絕倫的，武藝出眾的，善用火器的，能造守城器械的，都可由京官保任。對於市民提出的有關城防的意見，不拘尊卑，每天由負責官員議定，可行的便通知各處遵照執行。如吏部主事楊伸有名家人善用石炮，徐光啟提議任命他為教師，教守城軍民製作炮架，臨時施用。這些事實反映了徐光啟的軍事民主思想。正是因為徐光啟採取了行之有效的舉措，森嚴壁壘，嚴陣以待，才使得後金軍隊最終不敢進攻北京。

　　後金軍隊退去後，徐光啟建議利用這段間隙，立即趕造火炮和加緊選練守城士兵，進一步鞏固京師的防務。他指出，後金軍之所以不攻京師，不攻涿州，就是因為畏懼火器的威力。這種當時最先進的新式武器，物料真，製作巧，藥性猛，射程遠，精度高。他籌劃在北京設立一個小兵工廠，並建議在揚

州、潞安開局鑄炮。徐光啟聽到傳教士陸若漢、公沙的西勞提議去澳門購炮和遴選銃師，極為讚賞，表示願親自前往。光有火器並沒解決所有的問題，還必須有能熟練使用火器的軍隊。為此他提出一套組建和訓練車營的辦法。所謂車營，就是組成一支 3,000 ～ 5,000 人裝備火器的隊伍。這支隊伍不但能守衛城垣，而且能出城作戰。以此為基礎，把習銃的軍隊擴大到二三萬人，一半在城中訓練，一半在城外巡守。制定訓練計畫要嚴格，辦法要切實，「寧為過求，不為冒險；寧為摭實，無敢鑿空」。崇禎四年十一月，徐光啟又上書皇帝，提出一個他精心設計的精兵方案。這個方案的要點是，以 60,000 人編為 15 營，每營 4,000 人，配備雙輪車 120 輛，炮車 120 輛，糧車 60 輛，另配西洋大砲 16 門，中炮 80 門，鷹銃 100 門，鳥銃 1,200 門。他請求以登萊巡撫孫元化的部隊為基幹，先組成一營，然後逐步擴展。練成四五營，則不憂關內；練成十營，則不憂關；十五營俱就，則不憂進取。可是兩個月後，後金兵進攻關外大凌河，孫元化派部將孔有德增援，孔有德在吳橋發動兵變，西洋火器悉數落入孔有德之手，不久孔有德又帶著這些武器投降了後金，致使徐光啟的計畫完全破滅。自此以後徐光啟心灰意冷，再也不言兵事。

徐光啟的軍事思想中包括了許多有價值的見解。如他重視民眾的作用，主張動員民眾參加軍事鬥爭；他注重提高軍隊的戰鬥力，主張嚴加選練；他認識到武器是克敵制勝的重要因素，倡議引進西洋火器；他反對平分兵力，主張集中優勢兵力殲敵一路，等等。但他的軍事實踐卻是失敗的，具體的表現就

是練兵計畫的屢次落空。其根本的原因是晚明政治腐敗，經濟凋蔽。一方面是國力衰弱無力支付巨大的練兵製器費用，一方面是權奸當道，百般刁難，處處掣肘，單靠徐光啟一人的苦心經營是無法挽回明王朝的頹勢的。

精研天文，督修新曆

　　在守城製器的前後，徐光啟還領導了修改曆法的工作。天文曆算在中國有悠久的歷史和輝煌的成就。十三、十四世紀歐洲的儒略曆出現嚴重失誤的時候，中國元代科學家郭守敬便制定了《授時曆》，把中國曆法提高到更加準確的程度。明代的《大統曆》就是直接承襲《授時曆》的。但是由於長期沒有修訂，到明晚期，《大統曆》也多次發生顯著的失誤。

　　徐光啟很早便潛心學習和研究天文學。天文學曾是徐光啟學習西學的重要內容之一，入翰林院後，仍花了很大氣力從事天文學的研究，他先後寫了《山海輿地圖經解》、《題萬國二寰圖序》、《平渾圖說》、《日晷圖說》、《夜晷圖說》、《簡平儀說》等著作。這說明徐光啟不但對西方天文儀器的構造、原理、用途有了充分的知識，甚至對西方測天的方法和理論，也進行了深入的研究。徐光啟在當時的天文學界已有較高的聲譽，所以禮部在萬曆四十年一月奏請修改曆法時，他便以「精心歷理」與邢雲路、範守己、李之藻等同時受到舉薦。因萬曆帝久居深宮，疏於政務，此議被擱置下來。然而，徐光啟並未放棄修改曆法的努力，繼續進行各方面的準備，如物色培養天文學人

才，翻譯西方天文學著作等等。

機會終於來了。崇禎二年五月朔日食，欽天監預推失誤，而徐光啟用西法推測食分時刻卻被驗證。崇禎嚴辭切責欽天監官員。在這種情況下，禮部奏請開設曆局，修改明初開始推行的《大統曆》。九月一日，崇禎皇帝正式下令修曆，並命徐光啟督領修曆事務，李之藻協理修曆。曆局設在宣武門內原首善書院。九月十三日，徐光啟上《條議曆法修正歲差疏》，提出修改曆法的步驟和方法，急需的儀器及人員的調配等。這份文獻實際上成為修曆工作的綱領。後來他提出的「欲求超性，必先會通；會通之前，必先翻譯」，則成為貫穿整個修曆過程的指導思想。

按照徐光啟的計畫，修改曆法應當以西法為基礎。其中固然有西法運算周密，在推算上確實優於舊法的科學本身的原因，也有舊法創製已久，法理難明，而西法經傳教士廣為宣傳造就了一批通曉天文曆算的人才這種客觀上的原因。徐光啟把翻譯西方天文學著作當作修曆的第一個必須的步驟。那時傳到中國的西方天文學著作雖然卷帙浩繁，如西元一六二〇年傳教士金尼閣攜來的七千部書籍中，相當一部分是天文學著作。盲目翻譯需耗費大量的人力物力，且曠日持久，顯然不行。徐光啟又有針對性的提出，要有選擇地組織翻譯，要區別輕重緩急，首先選譯那些最基本的東西，循序漸進。在內容上要包括歐洲天文學的理論、計算和測算方法、測量儀器、數學基礎知識以及天文表、輔助用表等的介紹、編算等。徐光啟本人也積極投入了翻譯工作，他參預編譯的著作就有《測天約說》、《大

測》、《元史揆日訂訛》、《通率立成表》、《散表》、《曆指》、《測量全義》、《北例規解》、《日躔表》等。

　　作為修曆的組織者和領導者，徐光啟的眼光並沒有停留在譯成一批西方天文學著作上。他的心願是編成一部融會中西曆法優點，達到當時最高科學水準的曆書。為了實現這個理想，徐光啟對曆書的結構作了精心的擘劃。他提出整部曆書要分為節次六日和基本五日。節次六日是《日躔曆》、《恆星曆》、《月離曆》、《日月交食曆》、《五緯星曆》、《五星交會曆》。這六種書由易到難，前後呼應，研討天體運動的規律，介紹測算天體運動的方法。基本五目包括「法原」、「法數」、「法算」、「法器」和「會通」，是整部曆書的五大綱目。法原是天文學的基本理論，包括球面天文學原理。前述節次六日即屬於法原的範圍。法數是天文表。法算是三角學和幾何學等天文學計算中必須的數學知識。法器是天文儀器。會通是舊法和西法的度量單位換算表。這基本五目包容了有關天文曆算的全部重要知識。以後《崇禎曆書》的編寫工作，幾乎完全是按這個計畫進行的。徐光啟是曆局的最高負責人，直接對皇帝負責。他主持曆局的四年間，從制定計畫、用人、製造儀器設備、觀測、譯撰直到錢糧細事，一應事務，無不操持，僅就各種事宜向皇帝上疏便有 34 次之多。他不辭辛勞，親自參加撰寫和編譯工作。《崇禎曆書》中的《曆書總目》一卷、《治歷緣起》八卷、《歷學小辯》一卷，都是他獨力撰著的。此外，他還要對全部書稿進行審閱和修改，作文字上的潤飾。每卷要修改七八次才能定稿。西元一六三三年辭世前夕，他還上疏介紹剩餘的六十卷書稿的情

況。其中三十卷由他審改定稿，另三十卷草稿中也有十之一二經他修改，十之三四經他審閱。可以說，沒有徐光啟的全力支撐，曆局工作順利進展將是不可想像的。

徐光啟深知實測天象對天文學研究的重要意義。為了使新曆更趨科學，修曆當中徐光啟多次組織曆局人員觀測日月食、五星運動和節氣時刻，取得了大量科學數據。每逢日月食，他常常親往測候，盡可能掌握交食時刻和食分的第一手資料。此前，中國觀測日月食多用肉眼，精確度很低。尤其在觀測日食時，由於陽光強烈刺目，初虧與復圓的時刻很難定準，食分的大小也不易測準，食分小的日食更難發現。古代也曾有用水盆映像的方法測量日食，但往往受水面搖盪的干擾。徐光啟把剛剛傳入中國的望遠鏡技術用於天文觀測，取得了很好的效果。在他的治曆疏稿中，多次提到用望遠鏡觀測日月食的情況。其方法是在密室中斜著開一道縫隙，將窺筒眼鏡置於此處，日食的情況透過望遠鏡投射到畫好日體分數的圖板上，虧復和食分一目瞭然。用這種方法大大提高了觀測數據的精度。製造望遠鏡並用於天文觀測，徐光啟是中國歷史上的第一人。徐光啟自己備有一部《觀景簿》，是他持之以恆觀測天象的記錄。其中有多年諸曜會合、凌犯行度和節氣時刻的觀測結果。崇禎二年，他還主持了一次天文大地測量，測定了山東、河南、湖廣、四川、北京、南京等地的經緯度。測量中採用了西方先進的測量方法和技術。後來，根據實測的結果，他又主持繪製了一份當時最完備最精確的星表和星圖。這份星圖現即稱為「徐光啟星圖」，它是中國目前所見最早包括了南極天區的大型全天星圖。

第五章　隋、明、清科技名家

　　對天文學研究來說，儀器設備的重要性比起其他學科更加明顯。儀器設備先進與否，直接決定著天文學的發展程度和曆法的準確程度。徐光啟在改曆之初，就提出了製造儀器的計畫。他為此事專門上疏皇帝，提出「急用儀象十事」，建議製作地球儀、七政列宿大儀（即天球儀）、平渾懸儀、交食儀、六十度紀限大儀、九十度象限大儀、日晷、星晷、自鳴鐘以及望遠鏡等十種儀器共二十七件。像這樣大量引進製造西法儀器，是前所未有的。在原有的觀測手段相當落後的情況下，引進仿製西法儀器是迅速提高觀測技術的有效辦法。當然，引進的目的是「會通超勝」，因此在實際製作中根據中國的情況作了適當的改造與變動，例如儀器上二十四節氣的刻畫，宮、度等對應的中文名稱和刻度，儀器的造型風格的和花飾等等，都展現了中國的特點。徐光啟等明代科學家在這方面的探索，為清初用西法澆鑄大型銅質天文儀器積累了寶貴的經驗。特別值得指出的是，伽利略望遠鏡問世不久，西元一六一八年由傳教士鄧玉函介紹到中國，徐光啟便敏銳地感覺到它對天文觀測所具有的重要意義，剛著手修曆就裝配了三架望遠鏡，使得觀測精度大為提高。

　　精心培育造就科學人才，是徐光啟主持修曆期間的又一貢獻。他以一個科學家的長遠眼光和博大胸懷，把曆局辦成了一個延攬八方英才的科學家搖籃，表現出非凡的領導才能。在用人方面，他採用廣咨博取、不拘一格的方針，果斷宣布：「不拘官吏生儒，草澤布衣，但有通曉曆法者，具文前來」，「果有專門名家亦宜兼收」。他把能明度數本原、精通測驗推步、善

於製造大小儀器的人選為「知曆人」，參與修曆，還招考能書善算的年輕人為「天文生」，進行重點培養。曆局中不但有李之藻這樣的對天文曆法造詣甚深的中國學者，也有知曉西法的外國傳教士龍華民、鄧玉函、羅雅谷、湯若望等。為使修曆大業後繼有人，徐光啟在培養扶持後生晚輩上傾注了極大的熱情。他自知病重，便於崇禎六年十月三十一日上疏，大力舉薦原山東布政司右參政李天經，說他「博雅沈潛，兼通理數，曆局用之尤為得力」，請求派他接替自己主持曆局事務。李天經果然不負所望，在徐光啟去世後秉承遺願，主持完成了《崇禎曆書》。徐光啟很重視培養官生。每一部書稿編寫完，就把它作為教材向官生傳授。這樣做的結果，待到新曆編成，一大批掌握新曆法的天文學專門人才也就培養出來了。對曆局工作人員的勞動成果，徐光啟是十分尊重的。他在臨終前還特意上疏，保舉改曆有功人員和學業優良的官生。曆局全體人員團結一致，通力合作，終於使《崇禎曆書》這部煌煌巨著得以順利完成。

在鞏固內部，充分發揮修曆人聰明才智的同時，徐光啟還同反對改曆的保守勢力進行了不懈的抗爭。修改曆法在封建社會是關係王朝統治的大事，一些拘守舊法冥頑不化的人，處心積慮地設置障礙，阻撓修曆。萬曆二十三年和萬曆四十年改曆的呼聲兩度形成高潮，但終因這些人以「祖宗之制不可變」為辭極力阻止而夭折。新的曆局設立以後，舊法與新法的論爭也從未中斷。徐光啟從中國天文學發展的歷史實際出發，反覆闡說中國的曆法正是由於不斷改革而逐步完善的，治曆明時要依據天時的變化，不能拘泥古法而違背天象。他為了回答來自守

第五章　隋、明、清科技名家

舊人物如冷守中、魏文魁之流的攻擊，專門寫了《學曆小辯》一書。他在書中揭露了冷守中曆書玩弄的神祕數學遊戲，又指出魏文魁的曆法書不但數據陳舊，理論和方法上也有許多矛盾和漏洞。徐光啟還採取了用事實說話的辦法，凡遇有日食、月食，他都預先公布推算結論，然後在北京觀象台和國內其他地方觀象測驗，用測驗的結果證實新法的正確和優越，藉以回擊守舊派，說服那些對新法懷有疑慮和成見的人。

　　徐光啟對待修曆的工作態度十分感人。當時他已是年近七旬的老翁，且又體弱多病，可對科學事業仍一絲不苟。每次觀測，他總要登上觀象台，親自操作儀器或進行指導。崇禎三年十二月三十一日，他登台安排觀測事宜，不慎失足墜落，腰膝受傷，很長時間難以行走。崇禎五年五月四日月食，他不顧七十高齡，仍於夜間率領欽天監官員和曆局人員一同登台，守候在儀器旁進行觀測。當年六月，他以禮部尚書兼東閣大學士入閣辦事，白天處理完繁忙的公事；入夜回到寓所，仍秉燭奮筆，審訂新編成的曆書草稿。西元一六三三年十一月七日是他生命的最後一日，他念念不忘修曆之事，再次上疏崇禎皇帝，推薦李天經接替曆局事務。他身居高位，操守清介。死後囊無餘資，官邸蕭然，除卻幾件舊衣服，留下的只有一生著述的書稿。

　　《崇禎曆書》雖非最後完成於徐光啟之手，可他對於新曆的貢獻是其他人無法比擬的。這部凝聚了徐光啟半世心血的天文學巨著，在他去世後的第二年全部告竣。全書洋洋一百三十七卷，先後分五次進呈。其中徐光啟本人進呈三次，李天經進

呈二次，李天經進呈的也多是經徐光啟定稿和審改過的。《崇禎曆書》是在明末中西文化交流新高潮的背景下完成的，是中外學者共同努力的智慧結晶。它不僅對傳統天文學作了一個總結，有了新的發展，而且大量吸收了歐洲天文學的先進成果。它的問世，代表著中國傳統天文學開始走上世界近代天文學發展的軌道。

與傳統天文學比較，《崇禎曆書》有許多新的改革和進步。它的主要成就反映在下述幾個方面：引入了明確的地圓觀念和地球經緯度的科學概念。這不但對破除舊有的天圓地方觀念有著重要的意義，而且也大大提高了推算日食的精度；認為各種天體與地球的距離不等，並且給出各種天體距地的具體數值，用於計算它們的行度；引入了蒙氣差校正，有助於提高觀測精度；引入了幾何學和三角學的計算方法，簡化了計算程式，提供了準確的計算公式，擴大了解題的範圍；提出了日月有高卑行度。日月在本天行度外還有循小輪運動，有距地遠近的變化，應當根據這種變化精確計算日月的近地點和遠地點；引入了新的歲差觀念，即恆星有本行，以黃極為極；採納了小輪體系和橢圓體系，用幾何運動的假設解釋了天體順、逆、留、合、遲、疾等天文現象；確定五星繞日運動，其運動方位是受太陽運動的速度變化而變化的；引進了一套完全不同於傳統天文學的度量制度。包括分圓周為 360 度，一日為九十六刻，六十進位制，黃赤道座標制等。這些重要變化，表明《崇禎曆書》帶來了中國天文學的一場深刻變革，對清初天文學的繁榮產生了積極的影響。

　　不幸的是，《崇禎曆書》沒能夠立即頒行。曾被徐光啟批評過的滿城布衣魏文魁，利用徐光啟去世的機會上言崇禎，攻擊新曆。崇禎命魏文魁另外組織東局，仍用傳統的天文學理論制曆與新法一試高低。待到崇禎皇帝認識到西法確實精密，欲頒詔實行時，明朝已臨近滅亡。入清以後，曾參與修曆的傳教士湯若望把《崇禎曆書》加以刪改，上呈清廷，易名《西洋曆法新書》，由清王朝頒行全國。

農政宏篇，福澤後人

　　徐光啟勤奮治學，學識淵博，對科學的貢獻是多方面的。然而真正使他名垂青史的，還是那部里程碑式的農學巨著《農政全書》。《農政全書》是繼漢代《勝之書》、宋代陳《農書》、元代王禎《農書》之後一部農業科學的百科全書，這部徐光啟傾注了大量心血的宏篇巨著，表現了他對農業和農學的巨大貢獻，代表了中國古代農業科學發展的最高水準。

　　如前所述，徐光啟自小生長在農家，一向關心農業生產，醉心農學試驗，蒐集了豐富的研究資料和試驗數據，積累了大量的經驗和心得。在徐光啟的一生中，也陸續撰寫了為數不少的農學著作，如《農遺雜疏》、《屯鹽疏》、《種棉花法》、《北耕錄》、《宜墾令》、《農輯》、《甘薯疏》、《吉貝疏》、《種竹圖說》等等。這些書的產生，大都是作者針對一些農業生產上的具體問題有感而發，或就某種作物的種植提出意見。《農政全書》則是徐光啟對古今中外農業生產和農學研究的利弊得失，結合

自己的親身經驗，所作的全面總結。

《農政全書》的準確完稿時間已難詳考，但大致可以判定初稿約完成於天啟五年到崇禎元年間。徐光啟生前，這部著作未能最後定稿，也沒有最後定名為《農政全書》，只是被周圍的人泛稱為《農書》。此書的編纂歷時頗久。還在徐光啟是諸生的時候，他已經萌發了撰著大型農書的意願，十分注意收集農事資料，經行萬里，隨事諮詢。考中進士後，他長期供職於翰林院，研究條件和撰著條件均有改善，加上其後又有天津屯田的經歷，大概已開始動手撰寫，有得即書，漸積成帙。萬曆四十七年他在寫給座師焦的信中，曾經提到「《種藝書》未及加廣」。《種藝書》很可能便是《農政全書》的原始稿本。泰昌元年徐光啟襄理軍務，主持練兵，然處處受制，難以施展抱負，遂憤然於次年十月告病辭職。不久，又遭閹黨參劾，罷官閒住。家居期間，徐光啟對《農政全書》的草稿系統地進行增廣、批點、審訂、編排等工夫。直到天啟六、七年間，工作大致告一段落，初稿基本編成。徐光啟對此書寄予莫大的希望。據他的學生陳子龍記述，他曾經在徐光啟擔任禮部尚書時前去拜謁，徐光啟對他說：「所輯《農書》，若己不能行其言，當俟之知者。」臨終之際，徐光啟還惦唸著這部書，叮囑孫兒徐爾爵：「速繕成《農政全書》進呈，以畢吾志。」可惜他終未能親眼看到這一巨著勒定出版。徐光啟去世後兩年，即崇禎八年，陳子龍在婁縣南園讀書時，從徐爾爵處借得原稿過錄，並送應天巡撫張國維、松江知府方岳貢閱覽。張、方商定付刻，建議由陳子龍負責整理。據陳子龍說，徐光啟的原稿「雜采眾家，

兼出獨見，有得即書，非有條貫。故有略而未詳者，有重複未及刪定者」。陳子龍在謝廷楨、張密、徐孚遠、宋徵璧等人和徐氏子孫的幫助下，草擬凡例，刪削繁蕪，拾遺補闕，潤飾文字，編次分卷，最後正式定名為《農政全書》，於西元一六三九年秋在陳子龍的宅舍平露堂付梓刊印。

經陳子龍整理後的《農政全書》，比起原稿，「大約刪者十之三，《農政全書》書影增者十之二」，共六十卷五十餘萬字，分為十二目。十二目的分類由徐光啟本人創製，包括：《農本》；《田制》；《農事》；《水利》；《農器》；《樹藝》；《蠶桑》；《蠶桑廣類》；《種植》；《牧養》；《製造》；《荒政》。

《農政全書》的分類涵蓋了國家的農業政策、農業生產的各種基本條件如土地、天時、水利和農具等，以及林、牧、漁、農產品加工和備荒、救荒措施的各個方面，既全面，又系統，在體繫上遠遠優於中國古代的其他大型農書，而與三百多年後的現代農學範疇極為接近。我們由此可以窺見這位偉大科學家的匠心獨運。從內容上看，《農政全書》大致由兩大部分組成。一部分是摘引前人的文獻資料，即陳子龍在凡例中所說的「雜采眾家」，這占了該書的大部分篇幅；還有一部分是徐光啟的個人撰述，即陳氏所謂「兼出獨見」，大約有六萬多字。無論哪一部分，字裡行間，都展現了徐光啟嚴格的科學精神和嚴謹的治學態度。

據統計，《農政全書》共徵引了 225 種文獻，此外，尚有部分未註明文獻來源的不包括在內。徐光啟一生勤奮，博覽群書，「大而經綸康濟之書，小而農桑瑣屑之務，目不停覽，手

不停毫」，從汗牛充棟的古代典籍中挑選出大量的農學資料，加以梳理條貫，編排到《農政全書》中去。所引文獻有先秦的，有漢至元各代的，也有大量明代著作。多則全書、全篇、全章錄入，少則只摘引隻言片語。內容既有有關農業典制和行政管理的，也有農業理論和技術方面的，還有的涉及到歷史、地理以至名物訓詁等方面。徐光啟雜采眾家，廣徵博引，並非不加區別的一概照錄，而是根據嚴格的編選原則，仔細地進行甄選。對於古代典籍中的陰陽五行讖緯等封建思想，他盡量予以剔除，摒棄不用。如對《勝之書》和《齊民要術》中的厭勝術等迷信內容，《農政全書》一概不予摘錄。元末的《田家五行》，徐光啟也只是選擇了有科學價值的氣象諺語部分。陳、王禎的農書都辟有「祈報篇」，宣揚農業收成的豐歉取決於祈天是否虔誠。徐光啟反對這種唯心論的說法，《農政全書》一反舊例，不再設「祈報篇」。就是對那些已經摘入的文獻，他也並不盲從前人的成說，而是大膽鮮明地亮出自己的觀點和主張。這主要反映在他寫的批註裡。這些批註或詮釋，或補充，或引證，或記事，或總結，或評論得失，或觸類旁通。這些文字大都不長，內涵卻非常豐富，不一而足。另外，徐光啟對採摘的文獻，每每圈圈點點，並用不少的符號加以區別，也自有其用意。

　　當然，最能反映徐光啟在農學研究中取得的突出成就的，還是應當首推他個人所寫的那一部分文字。這些文字都是徐光啟對自己多年農學研究和種植實踐所作的概括和總結，處處閃耀著科學的光彩。徐光啟透過對蝗蟲生活史的深入研究，

發現了蝗蟲的生活規律，為治理蝗災提供了科學依據。他本人曾親自試種過甘薯、棉花、女貞、烏臼、稻、麥、油菜等農作物和經濟作物，對它們的習性有切身的體驗，積累了豐富的栽培經驗，他寫下的心得就要比其他農書更深刻，更有實際指導意義。他對墾田、用水、養白蠟蟲、養魚也都有獨到深刻的見地，在近八十種作物（包括農作物、果樹、蔬菜、經濟樹木）項下寫有注文和專文。這位科學巨匠堅決反對風土說，提倡異地引種的革新探索精神早已是有口皆碑。其實他還遺留下許多真知灼見有待發掘整理。比如，是他首先注意到把作物的收穫部分，從穀實擴大到包含莖稈等的作物整體，用現代術語說，就是從經濟產量的概念發展到生物量的概念。稗的產量低，歷代農書都只當作備荒作物，徐光啟卻認為，「稗稈一畝，可當稻稈二畝，其價亦當米一石」，對稗的利用價值從生物量的角度作出正確的估價。徐光啟的「獨見」，或以整卷、整篇、整段的面目出現，或散見於引文之中，堪稱字字珠璣。清初大學者劉獻廷讚歎說：「玄扈天人，其所述皆迥絕千古」，「人間或一引先生獨得之言，則皆令人拍案叫絕」。

徐光啟編寫《農政全書》，對於農田水利、土壤肥料、選種嫁接、防治蟲害、改良農具、食品加工、絲織棉紡等農業科學技術和農民生活的各個重要方面，都就當時能夠達到的認識程度進行了深入細緻的探討，提出了自己的見解，並批判了阻礙生產技術進步的各種落後思想和落後方法。他把富國強兵的熱望和對廣大農民的深切同情寄託在這部劃時代的巨著中。《農政全書》在歷史上最早從國家政策的角度全面檢討「農政」的

經驗教訓，對墾荒、水利、荒政給予特別的關注，系統總結了中國古典農業科學，這些都是他遠遠超出前人的地方。這樣一部巨著，由一位年逾六旬、體弱多病的老者獨力撰述，其艱難程度是可以想像的。只有憑著對國家對民族的摯愛和對科學的執著追求，憑著堅韌不拔的毅力和鍥而不捨的精神，這位傑出的科學家才會給後人留下這樣一筆豐厚的遺產。

雖然因為時代條件的限制和理解能力的侷限，以及整理者未能完全理解徐光啟的編寫意圖，使得《農政全書》也有一些不足之處，但瑕不掩瑜，隨著時間的推移，這部著作蘊含的巨大科學價值，越來越清楚地為世人所認識。自從平露堂版本《農政全書》問世以來，此書一再被刊刻印行。迄今為止，《農政全書》的各類版本不下十種，對指導中國古代農業生產發揮了重要作用。作為中國傳統農學發展史上的里程碑，它將永遠熠熠生輝。

徐光啟生活的時代，正是中國封建社會的末世。新生的資本主義生產關係萌芽，儘管最早在他的故鄉孕育生長，畢竟還相當微弱，更談不上在政治舞台和意識形態方面為自己爭得一席之地。主宰著徐光啟和與他同時代知識分子的，依然是封建正統思想。作為占統治地位的地主階級的成員，雖然最後升遷到內閣大學士的高位，但仕途多艱，他在政治上的建議和主張很少被採納，始終沒有機會施展其富國強兵的抱負，建樹不大。雖曾一度督練新軍，也因處處受制而失敗。可是，徐光啟畢竟與一般封建官僚的聲色犬馬、奢侈糜爛不同，他清白自守，淡於名利，把全部聰明才智傾注於科學研究事業，對科學

發展作出了傑出的貢獻。他的科學思想，如注重邏輯實證，採用實驗手段，強調會通中西，講求實學，重視培養人才，在中國科學發展史上佔有重要地位。他主持編寫《崇禎曆書》，尤其是獨自編著《農政全書》，創下了輝煌的科學業績。所有這些，都是人們至今仍對他懷念和景仰的根本原因。

▌宋應星

在十七世紀上半葉，全世界只有極少數幾個國家剛剛擺脫封建制而進入資本主義時代。當時的中國正處在封建社會後期，在商品經濟不斷發展的基礎上，也已具備了資本主義萌芽的條件。就在宋應星這樣的歷史條件下，明末傑出的科學家宋應星編寫了一部百科全書式的科技文獻 ——《天工開物》。這部著作告訴我們：中國古人在長期的發展中，作出了多麼可貴的創造，累積了多麼豐富的經驗；許多生產工藝達到了很高的水準，有的在當時的世界中是處於領先地位的。《天工開物》已經譯成日、英、法等多種文字而傳遍世界。國外科技界，有的稱譽宋應星為「中國的狄德羅」（法國資產階級革命時期重要文獻《百科全書》的主編），有的稱《天工開物》為古代「中國技術的百科全書」。可以說，宋應星及其名著《天工開物》，不僅在中國的、而且在世界的古代科學技術發展史上，都占有一定的地位。

宋應星生平

　　宋應星，字長庚，明朝萬曆十五年出生在江西南昌府奉新縣北鄉瓦溪牌村。他的曾祖父宋景，曾任南京光祿寺卿、工部尚書等高官。明朝從南京遷都北京後，在南京仍保留一套中央官署；光祿寺卿是掌管宮廷膳食的光祿寺的長官，工部尚書是掌管各項工程事務的工部的長官。宋景第三子宋承慶是縣學廩膳生。當時讀書人考進了府州縣官學的，統稱生員，別稱庠生（古時稱學校為庠）、秀才；其中由官府提供膳食津貼的叫廩膳生員。宋承慶二十六歲上就死了，留下一個兒子宋國霖。宋國霖在科舉道路上失意一生，至死還是個庠生，《天工開物》之煉銅圖書影他就是宋應星的父親。宋應星的生母魏氏，原是奉新一個農家女子，因為家裡窮，嫁給宋國霖為妾（小妻）。宋家原來頗為富裕，後來遭了大火，家境就中落了。宋應星就出生在這樣一個衰落中的封建士大夫家庭；他在弟兄四人中排行第三。

　　宋應星小時在他父親的管教下識字讀書，年紀稍長時，跟比他大十歲的胞兄宋應升一起，在叔祖父辦的私塾裡讀了八年書。他勤奮好學，除了熟讀《四書》、《五經》這些儒家經典以完成科舉考試所必需的課業外，還閱讀《左傳》、《國語》、《史記》等各種史書，以及諸子百家、語言文學、自然地理、農業工藝等各方面的書籍，從而豐富了知識面，使自己不同於那些死啃八股文章的書呆子。

　　宋應星剛滿十八歲時，四兄弟就分家各自生活了。他父親

第五章　隋、明、清科技名家

不是官，家境又中落了，尤其因為他是庶子——小妻所生的兒子，這種身分在封建社會裡容易遭到流俗的歧視。在這種環境下，宋應星漸漸地養成了「僻心違俗」，孤僻而不肯隨俗浮沉的性格。他不願阿諛尊貴和諂媚名流，而喜歡結交為人清正耿直、不甘與流俗為伍、勤於著述以及愛好藏書、刻書等等那樣的人士，其中包括和尚、道士等所謂「方外」之交。

在當時，知識分子大都以參加科舉考試為出路，宋應星也是如此。明代時，生員參加每三年一次在省會舉行的鄉試，考中的稱舉人；舉人參加每三年一次（鄉試的次年）在京師舉行的會試，考中的再經過殿試，稱進士，頭名進士就是狀元。萬曆四十三年，宋應星和他的大哥宋應升一起參加江西省鄉試，兩人同榜考中舉人，宋應星名列第三。同年冬，他倆興致勃勃地離開家鄉，來到京師北京，於次年參加會試，結果沒有考中。事後得知，這次考試有嚴重舞弊行為，狀元的考卷竟是別人代作的。這樣的事怎不令人氣憤，宋應星想到祖父和父親在科舉道路上消磨青春的辛酸遭遇，功名心不由得冷淡下來。他回到家裡，很感慨地把自己的書房命名為「家食之間堂」，意思是：寧願在家吃普通百姓的飯，不追求做官吃俸祿。此後，他雖然還和大哥一道參加過幾次會試，但歷試未中，於是愈來愈把精力用於遊歷考察，透過實際見聞，把各地農業和手工業的生產技術和經驗，點點滴滴地記錄下來，為編寫一部科技專著作準備。

崇禎四年的會試，宋應星沒有參加。他大哥宋應升這一回是第六次應試不中，就在北京等候選官（會試不中的舉人可以

候選官員），結果被派為浙江桐鄉縣知縣。崇禎七年，宋應星已經四十七歲了，大概由於家庭生計等原因，他到本省袁州府的分宜縣，任縣學教諭。教諭是縣學教官，級別很低，月俸只有二石米錢，是當時一般士大夫鄙薄的所謂冷官。

當冷官有個好處，就是事少閒暇多。所以宋應星當了四年教諭，能專心致志地從事著作。崇禎九年，他寫了議論當時政局的《野議》，並把另一部著作《畫音歸正》交給友人刊印。崇禎十年四月，完成了準備已久的科技專著《天工開物》；同年六月、七月，先後寫了《論氣第八種》和《談天第九種》，都是關於自然學說的著作。

崇禎十一年，宋應星升任福建汀州府（府治在今長汀縣）推官——掌管刑獄審判的官員。推官，當然是根據封建王朝的法律辦事的。不過，宋應星為官清廉，比較關心民間疾苦，所以名聲很好，州裡不少老百姓的家裡還掛了他的畫像以示敬仰。崇禎十三年，上司責備他沒有全力鎮壓「海盜」，他一氣之下，就卸任回家。

宋應星在家鄉住了三年，平日以詩文自娛，流傳下來的有《思憐詩》一卷。就在這幾年，李自成、張獻忠領導的農民大起義正在猛烈地發展著，各地農民紛紛響應。崇禎十六年，奉新縣就有一支以木工李肅十為首的農民隊伍起來反抗官府。宋應星在一般情況下是同情窮苦百姓的，但當百姓起來造反，在他的家鄉點燃了起義烈火時，他為維護地主階級的統治地位，終於直接參與了當地官府豪紳鎮壓起義的罪惡活動。李肅十率領的起義隊伍很快就被鎮壓下去了。宋應星因此受到官府的保

第五章　隋、明、清科技名家

薦，於這年七月任亳州（今安徽亳縣）知州，知州是州的行政
長官。亳州一度被李自成起義軍攻占過，這時雖然仍歸明政府
管治，但明王朝在農民大起義的沉重打擊和清兵的進攻下，就
像一艘漂蕩在大海中的破船，即將覆沒了。

　　崇禎十七年三月，李自成率領農民軍打進北京，推翻了明
朝中央政權。不久，農民軍失利，清軍於五月間進占北京。清
王朝終於繼明王朝之後，成為統治全國的新王朝。明朝幾個藩
王曾在南方建立過小朝廷，歷史上稱為南明，到清順治十八年
也最後覆亡。宋應星在清兵入關後就棄官回家。此後，他的胞
兄宋應升和其他一些親友，在南方參加過抗清活動。據宋應星
一個族侄為他寫的傳記，他曾任滁和道和南瑞兵巡道。而這應
該是他在南明政權擔任的官職，可見他也投入過抗清鬥爭。他
在抗清失敗後的歸宿，缺乏記載，傳說他晚年雲游四方，不知
所終；有的書上說他可能卒於順治康熙之交。有關宋應星生平
的歷史資料極少，解放後發現了他的《野議》、《思憐詩》、《論
氣》、《談天》四種著作，從而提供了了解他的政治思想和自然
學說的新材料。

《天工開物》的寫作思想

　　宋應星在《天工開物》中感慨地寫道：富貴人家的紈袴子
弟把勞動百姓看作罪犯，讀死書的經生則把「農夫」一詞當作
罵人的話語；人們餐餐吃飯，「知其味而忘其源者眾矣」。又說：
那些王孫帝子，生長深宮，雖然御廚飯香，宮衣錦繡，卻沒有

見過農具和織機；對這些人來說，打開《天工開物》的圖卷看看，是能使他們長些見識的。他在序言之末憤懣地揮筆直書：請熱衷於仕途的「大業文人」們把這本書扔在一邊吧，「此書於功名進取毫不相關也」。

不是為了功名利祿，而是出於關心國計民生，出於重視社會生產和商品經濟的發展，重視農業和手工業的應用技術，宋應星才從事編寫《天工開物》這部巨著。《天工開物》之錘錨圖宋應星重視社會生產和商品經濟的發展，重視人的勞動技能和生產工具，這是進步的觀點。宋應星具有這樣的觀點，又進行了長期的實地考察和研究工作，終於寫出了《天工開物》這部不朽之作。

「天工開物」一語是什麼意思呢？「天工」一詞最早見於先秦古籍《尚書》；「開物」一詞源出另一先秦古籍《易經·繫辭上》。天工指的自然力，開物則指的人工。在宋應星看來，包括天地萬物在內的整個自然界，是靠自身的運動變化（所謂「天工」）形成的。但是「人工」往往「巧奪天工」，有許多先進的發明創造。《天工開物》一書就論述了勞動者「巧奪天工」的技藝。總的來說，在人類社會中，是由於「天工」和「人工」的共同作用，才創造出萬物。「天工開物」的意思就是「自然和人工共同開創萬物」。

《天工開物》廣泛地總結了中國古代主要是明代的農業和手工業的技術成就，內容充實，文字簡潔，插圖生動，別有風格，不愧為中國古代一部百科全書式的傑出的農藝學和工藝學的文獻。全書分上中下三部，再依不同生產部門，編列十八

第五章　隋、明、清科技名家

卷；各卷標題多引用古書中詞句，大概是表明該項生產古已有之。

《天工開物》各卷的先後次序，宋應星在自序中說，是根據「貴五穀而賤金玉之義」編排的。關於糧食和副食品的生產技術的敘介，占了全書三分之一的篇幅，展現了以農業為本的傳統思想。宋應星在重農的傳統基礎上，又以很大的注意力移到手工業生產方面，書中關於手工業生產的卷數占總卷數的三分之二。宋應星重視手工業生產，這是同當時的商品經濟比較發達、手工業品的需求有所增長、手工業生產技術有所改進的情況相適應的。書中關於各項生產部門的記述，涉及品種、來源、產區、工具使用、製造方法、操作過程、天然災害等等許多方面，比較完整地、全面地反映出當時農業和手工業生產技術發展的情況。

《天工開物》初刻本還附有一百二十一幅插圖，描繪了一百三十多項生產技術和工具的名稱、形狀、工序。圖中出現了二百七十多名勞動百姓的形象：有耕耘田地的農民，有織製彩錦的工匠，有航行江海的船伕，有許多年老工人，也有牧童少年，還有從事紡織的婦女，以及入河采玉的少數民族，此外，還有在演習和作戰中的士兵。看著這許多生動的畫面，我們好像被帶進到了三百多年前的生產現場。用這麼多的畫面來表現勞動生產和勞動者，這無論在中國還是世界的古代科技書上都是罕見的。插圖中有結構比較複雜的機械圖，如花機、水碓、水車等，比例大體恰當，具有立體感，繪製的技巧相當高。這些插圖，對於研究中國古代（特別是明代）的科技史和

勞動百姓的生產活動，是很重要的形象資料，已為現代中外科技史著作所大量引用。

《天工開物》的科學價值

《天工開物》記述了中國古代在當時世界上處於先進水平的生產技術，書中講到的許多機械和工藝展現了中國古代勞動百姓的智慧和創造力。這裡試從幾個方面，來談一談《天工開物》的科學價值。

一、農業和生物學方面

中國是世界上最大的農作物起源中心，很多農作物是中國古代勞動百姓最早從野生植物馴化選育而成的。明代時農業生產更有所發展，以水稻生產為例。《天工開物》就作了詳細的記述。書中談到品種和浸種、育秧、分栽的技術，談到早稻、晚稻和間作的雙季稻的栽培方法，記錄了某些水稻品種的變異現象。關於施肥，除舉出人畜糞便、榨油枯餅、草皮、木葉等以外，還提到南方用磨綠豆粉的水漿灌田，黃豆價賤時以豆作肥料，這是以前的農書中所沒有談到的。關於改良土壤，講到對土性帶冷漿者施用骨灰和少量石灰，對土質堅硬者要用燒土法；這是中國關於合理使用磷肥的最早記錄。並於耕作和田間管理，記載了耕、耙、耘、籽（培土）的工具和技術。灌溉方法，記述了筒車、牛車、踏車、拔車等各種水車和井上汲水工具桔槔等灌溉工具的使用效率。此外，還總結了水稻因遇水、

旱、風、蟲、雀鳥啄食等而出現的八種災害及其防治方法，這在古農書中也是罕見的。《天工開物》講到的水稻耕作技術，有許多直到現代還在使用。

《天工開物》廣泛地記載了各地農作物的品種和特性，敘及土壤、氣候、栽培方法對作物品種變化的影響。例如：南方水稻因乾旱缺水的影響，經過人工培育而變成旱稻，可在高地種植；在北方，大麥品種「隨土而變」，黍粒的大小則受土質肥瘦和季節的影響。宋應星在大量觀察的基礎上得出結論說：「五穀不能自生，而生人生之」，這是指農作物要靠人工培育；「種性隨水土而分」，這是說物種因環境條件的變化，經過人工培育，可以改變品種的特性。這個結論是符合科學的。

中國養蠶業有悠久的歷史和豐富的經驗。《天工開物》記述了將黃繭蠶同白繭蠶雜交，培育褐繭蠶，又將「早雄」（一化性雄蛾）同「晚雌」（二化性雌蛾）配種雜交，從而培育出「嘉種」的經驗。這是生物學史上的珍貴記錄，說明利用雜交優勢，在中國古代已經出現。

中國古代種植甘蔗和提製蔗糖的技術，宋代王灼的《糖霜譜》已有專門記載。《天工開物》敘介的有關技術則大大超過了前書所述。「甘嗜」卷除肯定「鋤耨不厭勤」的精耕細作的傳統要求外，講到因地制宜種植甘蔗，育苗移秧（有利於適應抗旱、提早成熟、提高單產等），平放雙芽苗（避免下種時一上一下，致芽難以生長），使用清糞水（速效氮肥）催芽等等，這在當時來說都是先進的增產措施。

中國是世界上最早懂得利用微生物發酵來加工食品的國

家，三千多年前就知道用麴釀酒和製醬。《天工開物》記載的製麴方法，是這方面經驗的總結；其中所記對食品具有防腐防臭作用的紅麴，就是古代勞動百姓的一項創造。書中提到用明礬水（無機物溶液）培養純化紅麴種（微生物），這種方法至今還是有用的。

二、採礦和冶金方面

中國採礦和冶金的歷史也是十分悠久的，但從《天工開物》開始才有關於採礦方面的專篇著作。該書「五金」，「燔石」和「丹青」等卷記載了礦產三十多種，保留了古代採礦知識的珍貴資料，在中國科技史上第一次對地下礦藏的開採方法，包括井下巷道的支護、通風、礦井的提升和充填等，有比較具體的論述。從中可以看出，明代時中國冶金和金屬加工生產的規模、產量和技術，都處於世界的先進地位。

煉鐵方面，煉鐵爐已使用活塞式木風箱，可以連續鼓風，強化冶煉過程，這項重要發明比歐洲要早。《天工開物》的記載，反映出當時煉鐵技術的幾個特點和優點。第一是鋼鐵生產程式的創造：先把鐵礦石煉成生鐵，再由生鐵鍊成熟鐵，然後由生鐵、熟鐵合煉成鋼。第二是煉鐵爐操作的半連續性：在第一爐出鐵之後，用泥堵住出鐵口，鼓風再煉二爐。這比當時歐洲的間歇式生產要先進。第三是生鐵、熟鐵連續生產的工藝：把煉鐵爐和炒鐵爐串聯使用，使從煉鐵爐流出的生鐵水，直接流進炒鐵爐炒成熟鐵，從而減少了一次再熔化的過程，既加快了速度，提高產量，又節省了燃料。當時的歐洲還沒有這種方

法。第四是熔劑的使用：把生鐵炒成熟鐵的時候，用細泥灰作熔劑，撒在鐵水上面，同時用木棍不停地攪拌，以加速生鐵的氧化。這些技術在當時都是先進的。

鑄造方面，《天工開物》介紹了鑄造大鍋和萬斤以上的鐵鐘、銅鐘、香爐的方法：先調和石灰、泥和細砂，製造內模；再用牛油、黃蠟塗附在內模上面，平整後雕刻文字或圖案。另用極細的泥粉、炭沫調成稠糊，逐層塗鋪在油蠟上面作為外模。然後用慢火烘烤，使裡面的油蠟熔化流出，形成空腔。再在模型的四周修砌幾個熔爐和泥槽，等鋼或鐵熔化時，一齊打開出口，讓鋼液或鐵液匯注入模內。這種用小爐群匯流和連續澆注作業來鑄造大型金屬器件的技術，熔模失蠟的鑄造工藝，以及鑄錢用的砂型鑄造工藝，不僅在當時是先進的，而且它的基本方法在近現代還在使用。

關於金屬的熱處理和加工工藝，《天工開物》講到了從「重千鈞」的大鐵錨到「輕一羽」的繡花針的不同製品的生產過程。製針時，先用生鐵做成拉絲模型，進行冷拉，剪成針坯，然後入鍋炒熬，炒後，用泥粉摻入豆豉（作促進劑）、松木和火矢（一種滲碳劑）三物蓋在上面，再加熱，最後經淬火成針，這在當時也是先進技術。至於製鋤用的「生鐵淋口」法，即在熟鐵坯件的刃部淋上生鐵，經冷鍛，淬火後滲碳，這是中國古代勞動百姓創造的液態滲碳工藝。

三、化學方面

《天工開物》記述了某些金屬元素的化學性質，還分別比較

了幾種金屬的活潑程度，並利用它們之間的差異來分離各種金屬。例如要提純雜金，就在坩堝裡加入熔點較低、能起助熔作用的硼砂，可以分出金來；然後放一點鉛，再把銀分離出來。如要去掉銀裡的雜質，方法是將雜銀送入高爐用猛火熔煉，撒上一些硝石，使其中的銅和鉛全部結在堝底。

該書還記錄了若干起化學反應事例。如用鉛和醋製成胡粉（又叫白粉，即鹼式碳酸鉛），這是化合反應；用鉛提純銀，這是分解反應；用蔥汁拌入黃丹（氧化鉛），慢火熬炒，就能把黃丹還原成鉛，這是置換反應。這說明，宋應星已認識到：上述各種反應中有一種基本的物質，而與它有關的反應中出現的其他物質則是派生的；也就是說，白粉和黃丹都是鉛的表現形式。在十七世紀上半葉就具有這樣的認識是很了不起的，因為它正是科學的化學元素概念的初步萌芽。

《天工開物》關於倭鉛（鋅）的記述，在化學史上也值得一提。書中說：倭鉛似鉛而活動性能更猛烈，如不和銅結合，一見火就揮發成煙；用爐甘石（碳酸鋅礦石）燒練時，必須裝入泥罐密封，不可與空氣接觸，防止揮發。這一記述，說明中國提煉鋅早於西方。因為在西方，到十七世紀末葉才在英國煉得金屬鋅，而直到十八世紀中葉德國煉出金屬鋅時，科學界才確認鋅是一種獨立的金屬元素。

《天工開物》在記述用硃砂製水銀和用水銀製銀朱時，指出：用一斤（十六兩制）水銀，加入兩斤石亭脂（天然硫黃），加熱昇華後，得銀朱十四兩、次朱三兩五錢，兩者合計超過一斤，多出的重量是從石亭脂的硫質中產生的。這表明宋應星初

步認識了化學變化中質量守恆的道理。還有，銀朱中硫的含量很少，而用水銀升煉時卻要用成倍的石亭脂，可見當時從事生產的工匠和進行考察的宋應星已有這樣的經驗：為了使比較貴重的物質（如水銀）能最充分地參與化學反應，就需要加入多量的比較便宜的其他反應物質（如石亭脂）。這種方法在現代的化學實驗和化學工藝中還常常應用。

《天工開物》記述應用化學技術的經驗更多。如「彰施」卷講到二十幾種顏色的拼色工藝和提取各種染料以及施用媒染劑的經驗。「殺青」卷提到造竹紙工藝中用石灰漿處理竹穰、用柴灰處理紙漿、在紙漿中加入紙藥水汁這三項關鍵性的化學工藝，這比舊的造紙法已大進了一步。「甘嗜」卷中提到用石灰澄清法處理蔗汁以沉澱雜質並中和酸性物質的經驗。「五金」卷論述用紅銅和倭鉛按不同比例配方製成各種銅鋅合金的經驗。這類記述很多，就不一一介紹了。

四、物理學和機械學方面

宋應星在寫作《天工開物》時，對一些物質的物理性能和一些機械的物理作用進行了探索。例如，他指出各地鹽場的鹽，同是一升，但重量不一；同是一立方寸的金、銀、銅，重量也不同。這裡就提出了比重的問題。書中記述了船身大小同載重量的關係，船舵大小同轉運力的關係，表明宋應星對於力距、重力以及面積同壓力的關係等問題，已有了一定的理解。

明末手工業中已廣泛使用簡單的機械。《天工開物》中繪有許多機械構造圖，記載了不少發明創造，如機械設計上用連

續運動代替間歇運動以提高生產效率，在機械傳動方面發展了繩索傳動、鏈條傳動和連桿傳動等。「乃服」卷記載的腳踏式紡車和花機等機械，結構複雜，在當時世界上居於先進地位。以明代的絲織技術來說。《天工開物》所總結的就有十幾種織造工藝，生產各種花色的綾、羅、綢、緞、錦等。留下來的明代的精美織品，至今還使人們讚歎不已。

明代的某些機械已經是近代機器的雛形。例如「粹精」卷介紹了「一舉而三用」的水碓，這是一種利用水力來磨舂穀物的機械，它「激水轉輪，頭一節轉磨成面，二節運碓成米，三節引水灌於稻田」。這個水動裝置具備了動力機、傳動機和工具機三個部分，所以已經是近代機器的雛形。「作鹹」卷記載的打井機械，有一種鐵錐，能把石山不斷地衝鑿成孔，每鑿進數尺，用竹竿接長，繼續鑿進，這種工具可以說是近代井鑽的雛形。這是世界鑽井史上最早的資料之一。由於當時的中國，封建制度還嚴重地障礙著社會生產力的發展，所以這些先進機械的出現只是個別的現象，得不到廣泛的應用和發展。

宋應星的自然學說

宋應星在寫完《天工開物》之後，接著又寫了許多關於自然學說的著作。可惜，今天能看到的只有《論天》和《論氣》兩種。《論天》已經殘缺，只剩了「日論」六章，是講天體運行的。《論氣》的內容涉及物理、化學、生物等方面，許多是連繫生產技術來分析的；可以說，《論氣》是以《天工開物》為基礎，

第五章　隋、明、清科技名家

對生產技術研究進行理論上的探討。這兩本書的內容反映出，宋應星的自然學說貫穿著樸素的辯證法和唯物主義的觀點。

首先，宋應星肯定了客觀世界的物質性。他說，「盈天地皆氣也」，充滿於宇宙之間的都是「氣」。世界萬物是「氣」這種根本的物質元素在不同條件下的不同形態：「氣」賦有具體的物態（液體、固體）時，這叫「形」；「形」還原為本來的根本物質，仍然是「氣」。這種認知，是與液體氣化和固體燃燒後煙消灰滅這類最普遍的現象相連繫的。他看到製陶、冶煉、印染等等許多生產過程中物體形態的變化，都透過水或火起作用，又認為水火是處於形與氣之間的中間狀態。他指出，動物、植物、礦物等物體是「同其氣類」，也就是說，各種物類就其所構成的根本物質來看，是具有共同性的。顯然，這種認識已經初步接觸了世界的統一性就在於它的物質性這一唯物主義的原理。認為客觀世界是「氣」這種根本物質構成的，這在宋應星以前的古代哲學家早已提出過。宋應星比前人進了一步的地方，在於他更多關係到生產和科技的實踐。

其次，宋應星認為物質世界是在不斷運動著的。他舉例說：「氣聚」而形成為日月，日月或明或暗，或升或沒；星隕為石，石又化為土；氣化為雨雹，雨雹又轉化為氣；草木與人類、禽獸、蟲魚等動植物從生長到死亡，屍體腐朽化形，等等，這都是「由氣而化形，形復返於氣」的帶規律性的變化，是「二氣」（水火）和「五行」（水火加金木土）等物質自身的運動和變化。總之，在宋應星看來，世界萬物的運動變化，在於物質本身的原因。

　　宋應星還認為，在萬物的生成變化中，「氣」這個根本物質只是處於不同的形態中，而它的本身並沒有消滅。例如，種子入地，由氣而生，長大成木，砍伐成材，製成器具，遇火成灰，或葉落化為泥，最後又轉化為氣。他甚至說，即使宇宙遇到所謂的「劫盡」（佛家語，毀滅之意），也不可能想像一切都歸於烏有。這種認為物質不滅的思想，在科學史和哲學史上都是值得重視的。

　　宋應星還指出，天體運行中，存在著對立的現象。他說：「無息，烏乎生？無絕，烏乎續？無無，烏無有？」例如日和月，從「未始有明」到「明生」，又由「明」到「無明」；草木則一年一榮枯，枯又復生，等等。他還透過分析水與火的相互作用，論述了事物之間相生相剋、相反相成的關係。這些論述，表明他對於事物的矛盾運動有一定的理解，這些看法是符合辯證法的。

　　宋應星根據他對自然界的唯物主義的理解，曾經觀點鮮明地批判儒家的天人感應說。天人感應說認為：帝王受命於天，上天經常用符瑞或災害來告誡帝王，這是「天心」愛護人君的一種表示。許多儒者都舉日蝕為上天示警的事例。宋應星在《論天》的「日說」章中寫道：「儒者言事應以日食（蝕）為天變之大者」，但漢景帝的「二十六年中，日為之九食」，而王莽執政的「二十一年之中，日僅兩食，事應果何如也？」唐太宗貞觀頭「四載之中，日為之五食」，而唐高宗在位時武則天掌權，頭「二十年中，日亦兩食，事應又何如也？」歷代儒者對漢代文景之治和唐代貞觀之治都是肯定的，對王莽和武則天這兩個

第五章　隋、明、清科技名家

歷史人物一般是否定的。宋應星就以儒者公認的事實為例，有力地提出反問，這一段批駁文章是寫得很精彩的。他根據記載和自己的觀察，在書中繪圖說明：「純魄（月）與日同出，會合太陽之下（掩蔽了太陽），日方得食。」這個說明是正確的。

　　十七世紀上半葉的中國，近代的自然科學遠未建立起來，這就決定了宋應星所具有的唯物主義觀點，是樸素的、自發的，也是不徹底的。他把一些自己無法解釋的自然現象說成是「天心之妙」、「造物有尤異之思」，這說明他還未能完全擺脫唯心主義的神祕觀念的影響。他關於自然界的解釋，如說「氣」是萬物的本原，「世間有形之物，土與金石而已」等等，終究是一種幼稚的假說。

宋應星

官網

國家圖書館出版品預行編目資料

古代技術力：古人其實很科學！天文曆法、醫學水利、數學理化無一不精，這才叫世界頂尖的科技實力 / 盧祖齊，林之滿，蕭楓 著 . -- 第一版 . --
臺北市：崧燁文化事業有限公司 , 2023.03
面；　公分
POD 版
ISBN 978-626-357-221-8(平裝)
1.CST: 科學家 2.CST: 傳記 3.CST: 中國
309.9　　112002585

古代技術力：古人其實很科學！天文曆法、醫學水利、數學理化無一不精，這才叫世界頂尖的科技實力

臉書

作　　者：盧祖齊，林之滿，蕭楓

發 行 人：黃振庭

出 版 者：崧燁文化事業有限公司

發 行 者：崧燁文化事業有限公司

E-mail：sonbookservice@gmail.com

粉 絲 頁：https://www.facebook.com/sonbookss/

網　　址：https://sonbook.net/

地　　址：台北市中正區重慶南路一段六十一號八樓 815 室
Rm. 815, 8F., No.61, Sec. 1, Chongqing S. Rd., Zhongzheng Dist., Taipei City 100, Taiwan

電　　話：(02)2370-3310　　傳　　真：(02) 2388-1990

印　　刷：京峯彩色印刷有限公司（京峰數位）

律師顧問：廣華律師事務所 張珮琦律師